主编 袁佳双

气候变化与人体健康

"气候变化影响与应对"丛书 袁佳双 主编

气象出版社
China Meteorological Press

图书在版编目（ＣＩＰ）数据

气候变化与人体健康 ／ 袁佳双主编. -- 北京 ：气
象出版社，2024.1
（气候变化影响与应对）
ISBN 978-7-5029-8114-3

Ⅰ．①气… Ⅱ．①袁… Ⅲ．①气候变化－关系－健康
－研究 Ⅳ．①P467②R161

中国国家版本馆CIP数据核字(2024)第012512号

Qihou Bianhua yu Renti Jiankang
气候变化与人体健康
袁佳双　主编

出版发行：气象出版社

地　　址：北京市海淀区中关村南大街46号　　　　邮政编码：100081

电　　话：010-68407112（总编室）　　010-68408042（发行部）

网　　址：http://www.qxcbs.com　　　　E－m a i l：qxcbs@cma.gov.cn

责任编辑：颜娇珑　邵 华　　　　　　　　终　 审：张 斌

责任校对：张硕杰　　　　　　　　　　　　责任技编：赵相宁

设　　计：北京追韵文化发展有限公司　　　插图绘制：包新宇

印　　刷：北京地大彩印有限公司

开　　本：710 mm×1000 mm 1/16　　　　印　 张：18

字　　数：250千字

版　　次：2024年1月第1版　　　　　　　印　 次：2024年1月第1次印刷

定　　价：98.00元

"气候变化影响与应对"丛书编委会

《气候变化与人体健康》编委会

主　　编：袁佳双

副 主 编：黄存瑞　　王姣　　杜尧东　　刘敏　　陆波

编 撰 组：张百超　　方思达　　赵小芳　　段海来　　刘畅
　　　　　杨文静　　王蛟男　　程亮亮　　周淼

其他撰稿人（按音序排列）：

陈晨	陈卓煌	杜家铭	郭佳	韩阿珠
何江	何雨聪	黄钰姝	江超	李湉湉
李永红	李玉尧	刘畅	吕祎然	潘佳佳
潘力军	沈鹏珂	石婉荧	孙志颖	王晶
王强	王裕	王丽云	熊懋	岳思妤
翟梦滢	张玲	赵程		

丛书序

气候变化前所未有，人类活动毋庸置疑造成了大气、海洋和陆地变暖。世界经济论坛发布的《2023 年全球风险报告》将气候变化减缓行动失败、气候变化适应行动失败、自然灾害和极端天气事件列为最重要的三个未来十年全球风险。国际社会已深刻认识到应对气候变化是当前全球面临的最严峻挑战，采取积极措施应对气候变化已成为各国的共同意愿和紧迫需求。

我国天气气候复杂多变，平均温升水平高于全球平均水平，是全球气候变化的敏感区。气候变化导致极端天气气候事件趋多趋强，已经对我国自然生态系统和社会经济系统带来严重不利影响。我国水资源安全风险明显上升，陆地生态系统稳定性下降；沿海地区海平面上升趋势高于全球平均水平，海洋和海岸带生态系统受到严重威胁；农业种植方式、作物产量和作物布局改变，农业病虫害加剧；人群气候变化健康风险增加，媒介传播疾病增多，慢性疾病和心理健康疾病风险也在升高；城市交通、建筑、能源等生命线系统的安全运行和人居环境质量受到严重威胁。气候变化还会通过影响敏感第二、三产业，进而引发经济风险。

2020 年 9 月，习近平总书记在第七十五届联合国大会一般性辩论上正式宣布："中国将提高国家自主贡献力度，采取更加有力的政策和措施，二氧化碳排放力争于 2030 年前达到峰值，努力争取 2060 年前实现碳中和。"这是我国基于推动构建人类命运共同体的责任担当和实现可持续发展的内在要求做出的重大战略决策。2021 年陆续发布的《中共中央 国务院关于完整准确全面贯彻新发展理念做好碳达峰碳中和工作的意见》和《2030 年前碳达峰行动方案》共同构成贯穿碳达峰、碳中和两个阶段的顶层设计。这不但展示了我国极力推动全球可持续发展的责任担当,也为全球实现绿色可持续发展提供了切实可行的中国方案。2022年生态环境部、国家发展和改革委员会、科学技术部等17部门联合印发《国家适应气候变化战略2035》,明确了加强气候变化监测预警和风险管理、提升自然生态和经济社会系统适应气候变化能力等主要任务,提出"编制适应气候变化科普教育系列丛书"的任务要求。

为了更好地提升我国公众对气候变化风险的认知水平,提高社会各界应对气候危机的能力,国家气候中心牵头组织高校科研院所和各行业领域的专家,综合分析评估了气候变化对人群健康、粮食安全、能源安全等不同行业和领域的影响风险和适应措施,归纳梳理了气候变化影响适应的最新研究成果和观点,编撰出版了"气候变化影响与应对"丛书,推进我国适应气候变化领域的能力建设。

在《国家适应气候变化战略2035》发布实施之后,出版该丛书具有十分重要的意义,对碳中和目标下的防灾减灾救灾、应对气候变化和生态文明建设具有重要参考价值。希望全国的科技工作者携手合作,为实现我国经济社会发展的既定战略目标砥砺奋进、开拓创新,为全人类福祉和中华民族的伟大复兴,做出应有的贡献。

中国科学院院士 秦大河

2023年11月

序

当前，全球气候变暖的趋势仍在持续。2022 年全球地表平均温度较工业化前水平（1850—1900 年平均值）高出 1.13℃。2023 年 7 月，联合国秘书长古特雷斯更是用"沸腾时代"来形容我们正在经历的气候变化严峻形势。随着全球变暖的不断加剧，极端天气事件的频率和强度将会进一步增加，气候变化造成的升温趋势对全球的粮食、水、生态、能源、基础设施以及人民生命和财产安全均构成重大威胁。这些威胁不仅给全球的生态系统带来不可逆转的损害，同时也造成巨大的经济损失。有数据表明，过去 50 年极端天气气候事件的数量增加了 5 倍、经济损失增加了 7 倍。

全球大约有 33 亿至 36 亿人生活在气候变化的高脆弱环境中，极端高温、强降水等灾害已经对敏感人群的身心健康造成了不可忽视的危害。气候变暖对人类健康的影响是广泛而全方位的。气候变化及其继发效应可以通过一系列直接或间接途径威胁人类的健康，增加死亡、传染病、慢性疾病及突发公共卫生事件的风险。世界卫生组织指出：气候变化每年导致约 15 万人的死亡，同时还加剧了多种疾病的传播和暴发，如果世界各国不能采取有力的措施确保气候安全，到 2030 年，气候变化预计每年将使死于营养不良、疟疾、腹泻和单纯热应激的人数增加至 25 万人。

中国是气候变化的敏感区和脆弱区之一。全球变暖背景下，高温热浪、暴雨洪涝、台风等极端天气气候事件的频率与强度持续增加，气候变化对民众的健康威胁正在持续加大。《2023 柳叶刀人群健康与气候变化倒计时报告》指出，2022 年破纪录的热浪导致中国人均热浪天数达到 21 天，与热浪相关的死亡人数达到破纪录的 5.09 万人。相比历史基准，热浪相关死亡人数上升342%。中国目前处于一个独特的窗口期，如果能够有效应对气候变化带来的风险，将造福今后几代人的健康；反之，如果不能采取及时、充分和有效的应对措施，伴随着人口老龄化趋势，气候变化对中国人群健康的威胁将与日俱增。

为了更好地提升我国公众及社会各界对气候变化健康风险的认知水平，提高居民应对气候变化风险的适应能力，国家气候中心牵头，与清华大学等高等院校、国家部委机构、地方气象部门等展开通力合作，组织了一支专业基础过硬的团队编写了基础知识科普图书《气候变化与人体健康》。该书基于最新的科学认识和国家政策，详细介绍了气候变化背景、气候变化对人体健康的影响、气候变化健康风险的评估，以及如何应对气候健康风险等内容。通过对气候变化相关健康影响和风险评估知识的权威解读，希望本书能够为公众和社会各界科学应对气候变化健康风险、提升认知水平、加强多学科合作和跨部门协调行动做出积极贡献。

清华大学健康中国研究院院长 梁万年

2023 年 11 月

前言

　　工业革命以来，人为活动造成的气候变化深刻影响着人类的生活。2015年《联合国气候变化框架公约》近200个缔约方一致同意通过的《巴黎协定》指出，各方将加强对气候变化威胁的全球应对，把全球平均气温较工业化前水平升高控制在2℃之内，并为把升温控制在1.5℃之内而努力。

　　中国是全球气候变化的影响显著区，1951—2019年升温速率高于同期全球平均水平。同时，中国又是世界上人口最多、老龄化进程最快的国家，因此气候变化对人体健康造成的影响相对更加突出。为了更好地提升公众对气候变化健康风险的认知水平，提高我国居民应对气候变化风险的适应能力，团队联合编写了气候变化与健康的基础知识科普图书《气候变化与人体健康》。

　　本书为"气候变化影响与应对"丛书的分册之一，主要基于最新的科学认识和国家政策，介绍了气候变化背景、气候变化对人体健康的影响、我国气候变化健康风险的评估以及个人与政府如何应对气候健康风险等内容。由于编写时间有限，不当之处在所难免，也恳请广大读者批评指正，以便再版时能够及时补充修改。

　　本书总体章节设计与内容安排由袁佳双负责。第一篇"前所有未的气候变化"由国家气候中心团队完成，第二篇"气候变化对健康的影响和风险"由中国疾病预防中心环境与健康相关产品安全所与国家气候中心团队合作完成，第三篇"气候变化健康风险的区划与评估"由清华大学万科公共卫生学院团队、湖北省气候中心团队与广东省气候中心团队合作完成，第四篇"气候变化健康风险的科学应对"由参与单位共同完成。特别感谢秦大河院士与梁万年院长为丛书作序，感谢出版社的各位工作人员对本书的协助，在此一并感谢！

编委会

2023 年 11 月

目录

第四篇　气候变化健康风险的科学应对

第一篇

前所未有的气候变化

第一章

气候变化的现状

第一节　气候变化定义

气候一词由古希腊语"Klima"演变而来，原意是倾向、趋势，通常定义为某区域包括温度、湿度、风向与风速、气压、降水量、大气成分及众多其他气象要素在较长时期（世界气象组织，定义统计周期为30年）的平均状况。又定义为在太阳辐射、下垫面性质、大气环流和人类活动长时间相互作用下，某一地点或地区多年间经历的天气状况的总和，是自然地理环境的一个主要组成部分。按水平尺度可将气候分为大气候、中气候和小气候。大气候指全球与大区域气候，水平范围为数百千米至千千米以上；中气候指中等范围自然区域气候，水平范围为几千米至上百千米，如森林气候、城市气候、山地气候、湖泊气候等；小气候指小范围气候，水平范围为几十米至几千米，如贴地气候、水田气候、温室气候等。

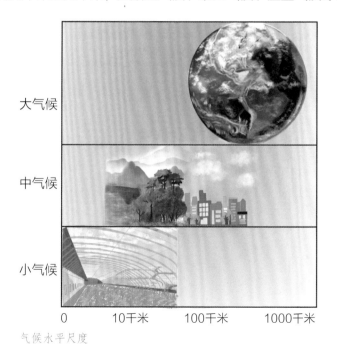

气候水平尺度

在中国古文中，"气候"一词来源于古代的二十四节气、七十二候，泛指时令。在二十四节气中，五天为一候，三候为一个节气，六个节气为一个季节，一年周而复始（沈志忠，2001）。19世纪全球出现3位气候学奠基人：奥地利的汉恩（J. Hann，1839—1921年），编写《气候学手册》三大卷，是气候学上最早的巨作；其中提出较完整的气候学研究的方法体系，并为研究全球气候提供了资料。俄罗斯的沃耶伊科夫（A. I. Voeikov，1842—1916年），出版《全球气候及俄罗斯气候》一书，阐明复杂气候现象的本质和气候过程的结构，以及气候与其他自然现象的相互作用；他的著作另有《气象学》1～4卷（1903—1904年）、《全球的风》（1879年）、《积雪和它对土壤、气候、天气的影响以及其研究方法》（1889年）等。德国的柯本（W. P. Köppen，1846—1940年）于1931年发展一套以生理学和植物分类为基础的生物气候分类方法，其中的5个生物气候指标为最热月温度、最冷月温度、温度年较差、年降水量和可能蒸散。通常情况下，全球各地气候受其纬度、地形、海拔、冰雪覆盖及毗邻水域等因素综合影响。而气候分类则是按照客观自然规律，依据一定原则及标准将世界各地气候分为若干具备某种共性的气

汉恩

沃耶伊科夫

柯本

候类型。根据柯本气候区划图，自赤道至两极，全球气候被划分为 5 个大类（热带或常暖型气候、干旱气候、温带气候、大陆气候、极地和高山气候），各大类又细分为若干子类（共 31 个）。柯本气候分类是经验气候分类法的典型代表，是地学界流传最为广泛的气候分类方案之一。

气候变化是指长时期内气候状态的变化。《联合国气候变化框架公约》（United Nations Framework Convention on Climate Change，UNFCCC）中将气候变化定义为："除在类似时期内所观测的气候的自然变异之外，由于直接或间接的人类活动改变了地球大气的组成而造成的气候变化"。UNFCCC 将因人类活动改变大气组成而导致的"气候变化"与自然原因导致的"气候变率"区分开来；其中气候变化主要表现在全球气候变暖、酸雨、臭氧层破坏三大方面。政府间气候变化专门委员会（Intergovernmental Panel on Climate Change，IPCC）将气候变化定义为："可以通过其性质的平均值和 / 或变率的变化来识别（例如使用统计验证）的气候状态的变化，并且持续较长时间，通常是几十年或更长；气候变化系指气候状态随着时间推移而发生变化，可能包括自然变率与人类活动导致的任何变化结果"。《2030 年可持续发展议程》认为气候变化是："我们这个时代面临的最大的挑战之一"（United Nations，2015）。

实际上，气候存在各种不同时间尺度的变化过程，可从短期（一年）到长期（几亿年）形成一个尺度谱。现在世界科学界公认的包括①大冰期气候与大间冰期气候（约 $10^7 \sim 10^8$ 年）；②亚冰期气候与亚间冰期气候（约 10^5 年）；③副冰期气候与副间冰期气候（约 10^4 年）；④寒冰期（或小冰期）气候与温暖期（或小间冰期）气候（$10^2 \sim 10^3$ 年）；⑤世纪及世纪以内气候变化（$10 \sim 10^2$ 年）。因而，地球气候变迁史可划分为 3 个

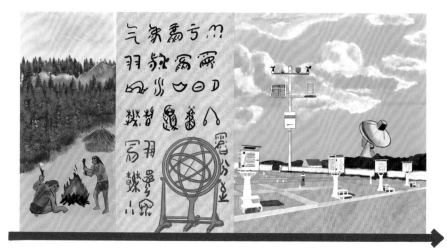

地球气候变迁史示意

阶段：地质时期（万年以上时间尺度的气候变化）、历史时期（人类有文字记录以来近几千年的气候变化）、近代（近二三百年以来的仪器观测时期）。由于近代气候变化对当前工、农业生产和自然界具有明显影响，因而是当前研究气候变化的重点。

第二节　当前气候变化特征

当前气候变化问题涉及的面很广，而且是多尺度（空间和时间）、多层次和全方位的。全球气候变化特征直观地反映在全球辐射平衡、大气圈内气象要素（如温度、降水、温室气体浓度）、海洋和冰冻圈变化等多个方面。其中全球气候呈现以变暖为主要特征的显著变化和全球极端气候事件趋强、趋多这两个方面（即平均温度升高和气候变化率增大）是当前自然科学领域重点关注的问题。

全球辐射变化

太阳辐射是地球气候系统的能量来源和气候形成的最主要因素。气候的变化与到达地表的太阳辐射能变化关系极为密切。太阳辐射与地球能量平衡不仅影响地球热力条件，同时导致大气和海洋环流、水循环、冰川、植物产量以及陆表碳汇等多方面演变。而地表太阳辐射是指穿过大气达到地面的直接辐射与经大气散射和反射后到达地面的散射辐射之总和。到达地面的总辐射一部分被地表面吸收，一部分被其反射，即反射辐射。地面由于吸收辐射能而变暖，又成为向大气发射长波热辐射的源地；同时地表吸收来自大气向下发射的长波辐射，即大气逆辐射。另外，地表过剩能量又以感热传输、潜热传输等形式向上方大气输送热量，以及向下输送进行能量储存。

根据第五次国际耦合模式比较计划（Coupled Model Intercomparion Project–Phase 5，CMIP5）多模式、观测站点及大气再分析资料，全球平均到达地表的短波和长波辐射通量最佳估计值为 185 瓦 / 米 ^{2} 和 342 瓦 / 米 ^{2}，地表吸收的短波辐射通量值约为 160 瓦 / 米 ^{2}，地表发射的长波辐射通量为 398 瓦 / 米 ^{2}；因此，全球地表净辐射最佳估计值为 104 瓦 / 米 ^{2}。IPCC 第六次评估报告显示，1950—2019 年间，导致全球辐射平衡变化的因子中，平均太阳活动辐射强迫有效值为 –0.02 瓦 / 米 ^{2}。尽管这个值远小于人为辐射强迫（2.72 瓦 / 米 ^{2}）、CO_2 辐射强迫（2.16 瓦 / 米 ^{2}）、气溶胶辐射强迫（–0.22 瓦 / 米 ^{2}），但太阳辐射能量的波动对全球气候系统的深刻影响毋庸置疑，且地表能量平衡的扰动也会导致全球大尺度的年代际气候变率增大。探究太阳辐射能与地球能量变化状况是研究当前全球气候变化的基础。例如，20 世纪，地球经历了一个由变暗（50 年代到 80 年代末）到变亮的转变，对应着地表接收太阳辐射值的转变；自 1990 年开始，持续数十年的"变暗过程"结束，地球表面日趋明亮。利用高质量地表辐射预算数据估计，美国在 1996—2001 年以每十年增加 6.6 瓦 / 米 ^{2} 的速率变得明亮。所谓"明亮"是指达到地球表面的太阳辐射增多、热量增大，因此也被部分解释为 20 世纪 90 年代末全球创下高温历史记录的重要原因。然而，地球大气的存在使得地表接收太阳辐射能具有多样变化和不确定性，这使得当前对地表太阳辐射的影响和演变成因方面的研究十分复杂。

大气圈气象要素变化

近百年来，大气圈内观测的气候变化主要包括表面温度、降水、风速和大气温室气体等。当前全球温度变化的主要表现是全球变暖，由 4 套不同全球气温数据集（Berkeley、CRUTEM、GHCN 和 GISS）统计显示，1901 年以来全球表面气温增加趋势为 0.095 ~ 0.107℃，20 世纪 70 年代起尤为显著（0.254～0.273℃）（图1-1）。《中国气候变化蓝皮书（2022）》指出，气候系统的综合观测和多项关键指标表明，全球变暖趋势仍在持续（中国气象局气候变化中心，2022）。2021年，全球平均温度较工业化前水平（1850—1900年平均值）高出1.11℃，是有完整气象观测记录以来的7个最暖年份之一（WMO，2022）；2002—2021年全球平均温度较工业化前水平高出1.01℃。2021年，亚洲陆地表面平均气温较常年值偏高0.81℃，为1901年以来的第7高值。由于全球气温升高，会导致不均衡的降水，即部分地区降水增加，而另一些地区降水减少。全球尺度降水数据集表明，自1900年以来全球降水总体上呈现上升趋势，尤其发生于北半球区域，南半球则为下降趋势。

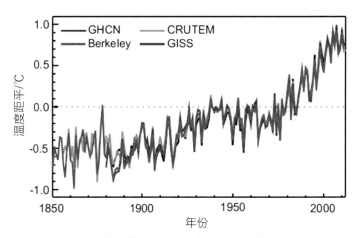

图1-1 观测的全球年均地表温度变化及距平序列（IPCC，2013）

对于风速，研究揭示在过去几十年里，中国、荷兰、捷克、美国和澳大利亚的地表风速均呈现下降趋势，即"静止"，但原因尚不明确。然而，在经过几十年"静止"后，全球地表风速从2010年开始快速反弹，短短8年时间恢复至1980年左右水平。近期风速增长率是2010年以前下降速度的 3 倍，其中北美、欧洲和亚洲三个区域增长最为显著。在温室气体方面，一个多世纪以来，大气 CO_2 等长寿命温室气体浓度持续增大；CH_4、HFCs、PFCs、SF_6 等温室气体浓度亦存在上升趋势，尽管其辐射强迫作用相对较弱。《2021 年中国温室气体公报》显示，全球大气主要温室气体浓度继续突破有仪器观测以来历史纪录，CO_2 浓度达到（415.7±0.2）ppm[①]、CH_4 浓度达到（1908±2）ppb[②]、N_2O 浓度达到（334.5±0.1）ppb；2021 年全球大气 CO_2 浓度增幅约 2.5 ppm，略高于 2012—2021 年的平均增幅（2.46 ppm），CH_4 和 N_2O 浓度亦达新高（中国气象局，2023）。

边界层极端天气气候变化

极端天气气候事件是指一定地区在一定时间内出现的历史上罕见的气象事件，其发生概率通常小于 5% 或 10%。自 20 世纪 50 年代以来，全球极端高温日数、低温日数呈现显著变化：低温日数减少、高温日数增多；尤其是北半球城市地区，观测到昼夜复合型极端高温事件正持续增加，加剧了人类日益增高的健康风险。此外，近期在世界大部分地区观测到热浪的最新的温度记录，这对人类和生态系统构成严重威胁。例如，西欧和斯堪的纳维亚半岛在 2019 年夏天经历破纪录高温，导致荷兰近 400 人死亡，法国约 1500 人死亡。柳叶刀公共卫生（The Lancet Public Health）发布《中国版柳叶刀倒计时人群健康与气候变化报告 2022》指出，2019 年中国受高温影响的死亡人数高达 2.68 万人，比 1990 年上升 4 倍（Cai et al.,

---

[①] ppm 表示百万分之一，即 1 ppm = 10^{-6}，下同。
[②] ppb 表示十亿分之一，即 1 ppb = 10^{-9}，下同。

2021）。目前在全球变暖和当地人类活动（如城市化）影响下，热浪频率、强度和持续时间都在加强。此外，全球多地暴雨也趋于频发。例如，2021年我国河南"千年一遇"的特大暴雨，日本极端强降雨引发的泥石流；2022年巴西频现严重暴雨洪涝灾害，南非东部遭遇近60年来最强降水，巴基斯坦频繁遭遇强降水袭击；2023年沙特阿拉伯遭遇暴雨洪水。总体上，当前全球变暖为极端天气水文事件提供了有利气候背景，因为全球变暖加剧气候系统不稳定性，使得极端冷暖事件频发、干旱暴雨成为一种新常态。IPCC第六次评估报告指出，全球变暖正导致一些地区暴雨、洪涝、干旱、台风、高温热浪、寒潮、沙尘暴等极端天气气候事件频繁发生，而且强度增大，过去"几十年一遇"甚至"百年一遇"的极端天气气候事件正变得越来越常见。

海洋和冰冻圈变化

《中国气候变化蓝皮书（2022）》指出，1870—2021 年全球平均海表温度表现为显著升高趋势，并伴随年代际变化特征；20 世纪 80 年代之前全球平均海表温度较常年值偏低，80 年代后期至 20 世纪末海表温度由冷转暖，2000 年之后海表温度持续偏高；2021 年，全球平均海表温度比常年值偏高 0.18℃，为 1870 年以来的第 7 高值。而海洋热含量是描述海洋水体热量变化的指标，会受海水温度变化影响。海洋次表层数据显示，1958 年以来全球海洋上层热含量呈现长期稳健增加趋势，平均增加速率为 5.7×10^{22} 焦 /10 年，1986—2021 年增速为 9.1×10^{22} 焦 /10 年。2012—2021 年是有现代海洋观测以来全球海洋最暖的 10 个年份。全球海平面同时受到海洋温度变化和冰冻圈变化（如冰川、南极冰盖消融）影响，

自 1990 年起表现为不断上升过程。

冰冻圈一词源自英文"cryosphere"，指地球表层连续分布并具有一定厚度的负温圈层，主要分布于高纬度和高海拔地区。冰冻圈是最敏感的气候指标之一，同时又是第一个显示世界变化的指标。目前，冰冻圈覆盖面积占全球陆地面积的 52% ～ 55%，占海洋面积的 5.3% ～ 7.3%。卫星遥感资料、再分析数据、观测资料显示，1979—2016 年全球冰冻圈面积每年减少（8.7±1.1）万千米^2，其中北半球平均每年减少（10.2±1.0）万千米^2，南半球平均每年增加（1.5±0.4）万千米^2。冰冻圈冻结初始日推后了 3.6 天（0.95 天 / 10 年），终止日提前 5.7 天（1.5 天 / 10 年），持续时间和天数以 2 天 / 10 年的速率减少。

城市局地气候变化

城市气候是城市内部形成有别于周边地区的特殊小气候。城市地区受众多建筑及不透水表面、高度密集人口、大量燃料消耗、地表辐射与非辐射效应变化等综合影响，改变了原区域气候状况。就城市气候研究内容而言，其涉及方面较为广泛，主要包括：城市热岛效应、城市干湿岛效应（白天城区湿度低、形成干岛，夜间相对高、形成湿岛）、城市降水、城市风的特征（水平盛行风速小、局地城市热岛环流）、城市污染、城市气象灾害（如城市暴雨灾害，城市降雪和低温冰冻灾害，城市高温热浪灾害，城市雾、霾和沙尘灾害，城市雷击灾害和城市大风灾害等）。尤其是城市气候中局地"热岛效应"，表现为城市内部温度高于周边农村的现象，是人类活动影响气候最为显著的特征之一，又反过来影响人类生命和健康、社会经济和城市生态。目前已超半数的世界人口居住于城市地区，预计 2030 年该比例增至 67%。近几十年全球城市化迅速发展，其引发的城市局地"热岛效应"及区域甚至全球大尺度增温趋势影响引人注目。

　　城市化和土地利用变化对观测温度存在实际影响是不争的事实，其争辩在于不同空间尺度上的偏差程度。IPCC第五次及第六次评估报告（IPCC，2013；IPCC，2021）指出，任何未经修正的城市化与土地利用变化对估算百年全球尺度平均增温趋势影响应不会超过10%。但在一些城市快速发展地区，影响很可能更大。目前，对城市化增温影响的认识是，其并非贡献大小问题，而是空间尺度问题：局地尺度上，局地增温影响十分显著（Zhou et al.，2014），原因是城市化改变原来地表能量平衡（主要减小潜热项），导致局地增温。区域尺度上，由于热岛"足迹效应"、环流等，城市的增温影响不会仅限于城区，而会向周边扩展；但其影响的空间范围与大小存在较大不确定性，比如城市大的造成影响可能更大。在城市群地区，城市化区域性应较明显，不仅对城市内部，还包括城际地区。全球尺度上，由于城市面积占比很小，城市化侵占自然地表对全球增温影响基本不显著，尤其考虑到海洋面积占比时。

　　总体上，当今全球气候变化前所未有，极端天气气候事件愈加频发。全球变暖趋势仍在持续，近年来全球地表平均气温、沿海海平面、多年冻土活动层厚度等多项气候变化指标打破观测纪录。IPCC发布的报告《气候变化2022：减缓气候变化》（IPCC，2022）指出，将全球变暖限制于1.5℃是《巴黎协定》的重大目标，为实现该目标，全球温室气体排放量应于2025年前达峰值，2030年之前减少43%，否则全球可能遭受极端气候较大影响。

　　在中国地区，气候变化特征在全球气候变暖背景下呈现得更加明显。在气温方面，1951—2021年中国地表年平均气温呈显著上升趋势，增温速率达到0.26℃/10年，明显高于同期全球平均水平（0.15℃/10年），因而是全球气候变化敏感区和影响显著区之一。2002—2021年为20世纪初以来中国最暖时期，地表平均气温较常年值高出 0.70℃；2021 年，中国地面平均气温（0.97℃）较常年值偏高，为 1901 年以来之最。探空观测数据显示，近几十年中国上空对流层低层（850 百帕）和上层（300 百帕）年均气温均呈显著上升趋势。中国百年尺度降水量略呈下降趋势（−7.5 ～ −5.0 毫米 /100 年），但统计却不显著；位于东南沿海一带地区百年降水呈增多趋势，北京、哈尔滨等地则呈现减少；空间格局整体呈现"南涝北旱"。对于风速而言，中国地区多年平均风速为 2.1 米 / 秒；自 1961 年以来，平均风速呈现显著下降趋势，为每 10 年下降 0.13 米 / 秒；2014 年之后风速有所增加，却仍低于多年均值。相对湿度呈现阶段性变化特征明显：20 世纪 60 年代中期至 80 年代后期该值偏低，1989—2003 年偏高，2004—2014 年整体偏低，2015 年以来转为偏高。此外，中国地区的气候敏感性体现在极端天气气候事件，如 1961—2021 年，极端强降水事件呈现增多趋势；20 世纪 90 年代后期以来，极端高温事件明显偏多，且登陆中国台风平均强度波动增大。中国气候风险指数呈现升高趋势，其阶段性变率显著。城市化方面，中国自改革开放以来城市化加快发展，1978—2010 年 32 个主要城市平均扩张率达 6.8 千米^2/ 年。中国地区的快速城市化发展进程深刻影响不同尺度（局部、区域）气候变化特征，涉及如气温、风速、降水、热浪、空气污染等诸多方面。

第二章　气候变化的归因

第一节　气候变化的影响因素

探讨气候变化的成因是研究气候变化的关键。对于整个地球—大气系统而言，影响气候变化的因素较多，包括太阳辐射、地球天文参数、火山活动、下垫面变化、人类活动和宇宙地球物理因子等。而且这些因子之间同样会发生相互作用，或者具有复杂的正、负反馈过程。以下列举出对地球系统长期气候变化影响的重要因素组成。

太阳

太阳是地球最主要外来能源，其中以太阳黑子活动（11 年、22 年、80 ~ 90 年周期性）与气候要素之间关系最为密切。而不同地区的气候差异及同一地区的季节变化，主要是由太阳辐射在地球表面分布不均及随时间变化导致的。目前可以肯定的是，太阳活动与地球上气候变化具有相关性，但二者之间的因果及影响气候的物理机制尚未完全查明。

地球公转

地球公转轨道天文参数长期变化，即地球轨道偏心率、地轴倾斜度（黄赤交角）和岁差（春分点位移）现象，会影响地球接收太阳辐射量，进而对气候产生扰动。这 3 个天文参数的变化可以导致不同纬度、不同季节太阳辐射能的改变，影响全球大尺度气候变化特征。

火山活动

火山活动是由地球地壳和地幔之间新陈代谢运动造成，因向大气层中喷发的火山灰尘长期滞留平流层并随大气运动至较远地区，进而导致"阳伞效应"：即大气中的颗粒物一方面反射部分太阳辐射，致使地表温度下

降；同时又吸收地面向大气发射的反射辐射，起到保温效果。相比之下前者作用更大，导致总体效果为温度降低。

下垫面变化

下垫面地理环境变化（地极运动、大陆漂移、海陆分布变化、造山运动等）会对全球气候格局产生重要作用。如海陆分布会形成大陆性气候、海洋性气候这两种差别很大的气候。大陆性气候显著特征是变化快、变化大，日温差、年温差数值皆较大。海洋性气候不仅气温年变化和日变化小，且极值温度出现时间也较大陆性气候地区偏迟。

人类活动

人类活动对气候有直接与间接影响，其中最为显著的是燃烧化石燃料、制造水泥、排放 CO_2 及飘尘，以及城市化和土地利用、臭氧层破坏、畜牧

业与农业活动、森林砍伐等。IPCC 第六次评估报告第三章"人类活动对气候系统的影响"定量评估人类活动对气候系统的影响程度,报告提供更多证据表明气候系统中的人类活动影响很大,而且不可逆转。

除以上因素外,部分宇宙物理因子如地球自转惯性、天体引潮力、行星力矩效应等也可能对地球气候产生影响,但这些问题的研究都还处于萌芽状态。而且由宇宙物理因子导致的地球气候系统改变主要是长时间地质尺度上变化,对年代际到百年尺度气候变化贡献几乎可忽略不计。

其实,人们更加关注现代气候变化,即 18 世纪工业革命以来的气候变化。研究证明,地球变暖从一开始就与工业革命造成的温室气体浓度升高有关。在近百年来,导致全球气候变暖的驱动因素可概括为温室气体和温室效应、气溶胶和云、陆地表面改变、太阳与火山活动、气候变化反馈等 5 个方面。

（1）工业革命以来，人类活动（主要是开采和燃烧化石燃料）导致 CO_2 等温室气体大量排放至大气，形成温室效应并扰乱原有辐射及能量平衡。1750—2019 年，全球 CO_2、CH_4 浓度分别增加约 48%、160%。CO_2 浓度较过去 200 万年任一时期皆偏高，CH_4 浓度亦远高于过去 80 万年来水平。其中，2019 年全球人为温室气体排放相当于 590 亿吨 CO_2，主要来自燃烧化石燃料为运输、制造、供暖和电力提供能源等用途。图 2-1 显示累积 CO_2 排放与全球地表温度上升之间的近线性关系，其中包括 1850—2019 年历史时期观测与 2020—2100 年未来情景预估。2020 年，中国明确提出 2030 年"碳达峰"与 2060 年"碳中和"目标。碳达峰是指 CO_2 排放量达历史最高，而后进入持续下降过程，即 CO_2 排放量由增转降

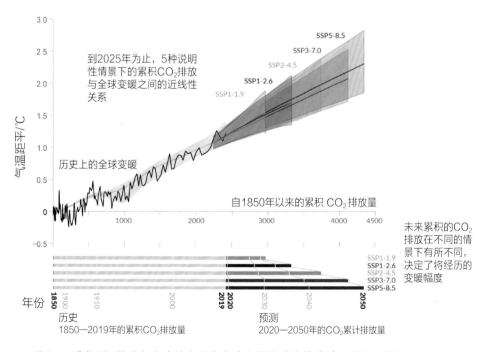

图 2-1 累积 CO_2 排放与全球地表温度上升之间的近线性关系（IPCC，2021）

转折点。碳中和指一定时间内人类活动直接、间接排放 CO_2 与其经过植树造林等吸收 CO_2 互相抵消，实现 CO_2 的"净零排放"。碳达峰、碳中和是一场极其广泛深刻的绿色工业革命。

（2）气溶胶和云的主要影响为吸收、反射与散射太阳辐射，并导致大气边界层内"火炉""穹顶"和"阳伞"等效应。人为气溶胶和云相互作用的气候效应较为复杂，且具有极大的不确定性。研究发现，中国地区气溶胶变化与气温降低及降水变化都存在相关性，尤其是快速城市化发展和工业化对几十年来中国很多地区上空产生"阳伞效应"，影响中国地面温度变化。未来随着气溶胶的减排，将导致洲际尺度的季风强度减弱，继而影响大尺度气温变化。在全球尺度上，气溶胶浓度自 1990 年来一直呈下降趋势，这表明其掩盖温室气体变暖效应减弱。

（3）人类改变地球表面方式多为农业拓展和城市化发展，这些行为将直接造成毁林与陆地生态损失。因为城市化和土地利用变化不仅通过改

森林砍伐

变地表能量平衡而导致区域增温，而且通过改变地表植被类型、人为排放等调节大气温室气体浓度及空间模态，影响大尺度气候变化。

（4）太阳作为地球主要能源，其入射辐射变化直接影响地球气候系统及对流层、平流层增温；爆炸性火山喷发代表工业时代最大自然强迫因素（SO_2排放至平流层），但其对全球温度趋势影响相对小，且 CO_2排放量不足人为排放量的 1%。

（5）气候系统会因对初始强迫反应及正、负反馈机制而发生改变，如大气水汽反馈、冰雪反照率反馈、碳循环反馈等。

气候变化不仅带来了全球平均温度的升高，还导致极端天气气候事件呈现出频发、广发、强发和并发的趋势。世界气象组织指出，2007 年 1 月、4 月全球地表气温分别比历史同期均值高出 1.89℃、1.37℃，皆超过 1998 年最高水平，为 1880 年有记录以来同期最高值。《2022 年中国气候公报》显示，2022 年中国平均气温 10.51℃，较常年偏高 0.62℃，除冬季气温略偏低外，春、夏、秋三季气温均为历史同期最高；预测未来极端降水增加幅度将大于平均降水，且变率增强，降水更趋于极端化（图 2-2）。众所周知，全球气候变暖是极端天气气候事件频发的大背景。其中，人为活动导致的大气中温室气体排放不断增加是引起全球变暖，进一步加剧极端天气气候事件发生率的重要因素。而且砍伐树木、河流改造、破坏动植物栖息地等人为活动也会造成环境发生变化，进而导致地球生态环境改变，产生极端天气气候事件。未来随着全球变暖，将导致气候更加不稳定，极端冷暖事件频繁发生且强度增大或成为常态。

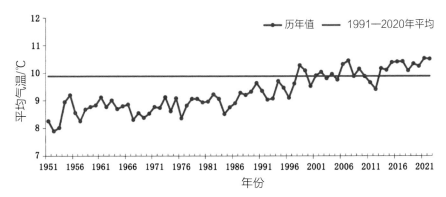

图 2-2　1951—2022 年全国平均气温历年变化

第二节　气候变化归因的研究

对于地球气候变化研究，依据不同的时间尺度及科学技术，通常采取 3 种不同研究方法（高国栋，1996）：①地质时期气候变化，因年代久远，只能采用地质沉积物和古生物学方法，如根据动、植物化石、地层沉积物以及冰川遗迹等间接标志开展研究。②历史时期气候变化研究方法，可主要分为考古学方法、物候学方法、史记和方志分析方法、树木年轮分析方法 4 类。其中树木年轮分析方法是 20 世纪由美国天文学者道格拉斯（A. E. Douglass，1867—1962 年）建立的，他在分析美国西南部干旱地区的树木年轮与太阳黑子及降水量之间的关系时，发现树木年轮与气候具有一定的关系。此外，还可依据自然地理环境变异推测历史气候变化。③对近代气候变化的研究主要有统计、分析气象观测资料方法，大气环流方法和气候数值模拟研究等方法。大气环流的 3 种形式是三圈环流、季风环流、城市热岛环流。通常一个地区大气环流的多年平均分布模态与一定的稳定气候是相对应的，而大气环流的异常将导致气候异常。气候数值模拟可概括为在实验室内一定的控制条件下模拟自然界气候状况，依据动力学方程、静力方程、连续方程、热力学方程、状态方程和水汽方程等，建立一组控制气候及其变化的偏微分方程组，然后给定初始条件和边界条件进行数值计算，求得气候状态及其变化规律（图2-3）。

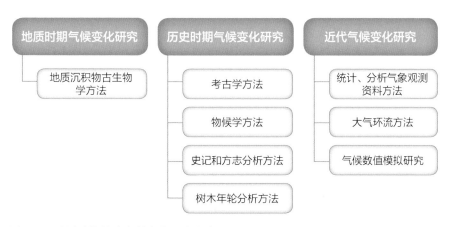

图 2-3　不同时期地球气候变化研究方法

近几十年随着科研投入的不断增加和科技发展，对全球不同地区的气候变化检测和归因研究方法层出不穷，总体概括为气候模式和最优指纹法、时间序列法、耦合模式法、环流相似法和经验方法等（参考《第四次气候变化国家评估报告》）。例如，较多研究采用最优指纹法（假定模式模拟的对外强迫响应的空间型是对的，不要求模式模拟的量级和观测一致）定量检测国家或地区尺度平均气温序列，并且分析自然和人为强迫因子对增温趋势贡献（Sun et al.，2016）。此外，可通过城市和农村观测数据时间序列的对比（时间序列法），通过估算数据差值分离出城市化效应对区域尺度气温趋势的贡献。耦合模式法是指包含大气、陆表、海洋等多个过程对气候系统的全面模拟。目前，较多研究使用最新的第六次国际耦合模式比较计划（Coupled Model Intercomparison Project–Phase 6，CMIP6）开展气候变化影响效应、驱动归因及未来不同情景预测的分析。CMIP6 是 CMIP 计划实施 20 多年来参与模式数量最多、设计数值试验最丰富、所提供模拟数据最为庞大的一次；利用这些数据的研究成果将构成全球气候研究重要部分。所谓环流相似法，是指从历史气候事件中寻找与当前研究具有相同尺度环流条件的案例进行分析，即从统计角度寻找当前环流下的"替代品"。经验方法被用于估计气候变化如何影响特殊气候事件的发生概率或重现时期。

不仅针对于气候要素平均值，在对极端气候变化的检测和归因分析时，同样可以采用上述常规分析方法检测自然因素与人为因素对气候变化（通常是极端温度和极端降水变化）的贡献大小。因为在全球变暖背景下，极端气候变化比平均气候更加敏感，且对社会经济、环境和生态的影响更加剧烈。IPCC 评估报告揭示，自 1950 年以来全球尺度极端降水增多、增强趋势可在中等置信水平上归因为人类活动影响。利用时间序列法中的"观测减去再分析法"表明，1980 年以来中国地区人类活动导致的城市化和土地利用变化，对近几十年气温升高的贡献率可高达 1/4 ～ 1/3（0.098 ～ 0.146℃ /10 年）（Shen et al.，2021），特别是在快速城市化发展的 3 个城市群区域（京津冀城市群、长江三角洲城市群、珠江三角洲城市群），城市化对日低温增温的贡献率更为显著。应用气候耦合模式和最优指纹法的归因分析同样表明，中国地区人为排放的 CO_2 浓度增加是导致极端温度升高的重要原因，而且土地利用变化也对极端高温的上升趋势产生重要影响。不仅在中国，在美国、德国及非洲等国家或地区极端降水长期变化中，均检测到人类活动的影响，尽管一些幅度存在较大的差异性。

此外，基于观测证据和相关归因分析，表明中国干旱频次的长期趋势同样可检测到人类活动信号。关于中国东部城市地区极端高温出现的风险，可以明确其中的人为排放（温室气体、气溶胶）与城市化土地扩张效应是导致复合型极端高温频次增加的主要原因。目前应采取针对性适应策略，以应对城市中复合型热事件带给人类的健康威胁。近年来，利用时间序列分析城市化和人类活动对高温热浪强度与频次的贡献方面的研究层出不穷。

世界气象组织对高温热浪的定义标准为日最高气温高于 32℃，且持续 3 天以上。我们国一般把日最高气温达到或超过 35℃时称为高温，连续 3 天以上的高温天气过程称为高温热浪。

　　尽管对于气候变化归因分析的方法正在不断拓展，研究的时间尺度、空间区域以及气候要素变量（例如气温、降水、干旱等）不断增加，但是仍存在一定的缺陷，如粗分辨率气候模型适用于大尺度驱动归因检测；研究城市化时容易忽略其他土地利用变化及气溶胶负荷等影响。而且，数据来源（气象站点、卫星遥感、大气再分析等）与研究方案（最优指纹法、站点分类统计、数值模拟等）差异亦是导致估算甚至结论存在偏差的主要成因。这表明，需设计更多明智且合理的归因检测与分析方法，以完善全球气候变化研究内容。同时，研究全球气候变化归因时，应更多关注对气候较为敏感和脆弱的国家或地区。

第三章

气候变化未来预估

对气候变化进行未来预估是应对、减缓和适应气候变化的科学基础，对政府制定合理政策和正确决策至关重要。不同于气候预测主要反映气候系统的内部变率，气候预估更加关注在未来不同排放情景下，气候系统对"外强迫"（主要是人为温室气体和气溶胶排放）的响应，且更聚焦于中长期的变化，例如，21 世纪中后期的温度、降水等变量的变化等。相比于气候预测，气候预估虽然仅一字之差，但实际含义却有很大不同。根据《新型气象业务技术体制改革方案（2022—2025 年）》，天气预报业务覆盖未来几小时到 14 天内的预报；气候预测业务覆盖未来 15 天以上的预报；气候预估则特指对未来几十年到几百年气候系统对外强迫响应的估计。

第一节 预估方法和情景分类

随着现代科技的不断发展，气候系统模式逐渐成为进行气候变化未来预估的主要工具。然而，由于全球气候模式的分辨率相对较低，模式预估结果在区域尺度上存在诸多不确定因素，通常通过统计或动力降尺度等方法来获得区域尺度上的精细结果。例如，模式比较计划通过加权集成方法（包括秩加权方案、可靠性集合平均方案、贝叶斯方案等）对多个模式的结果进行处理，减少未来预估的不确定性。近年来，世界气候研究计划（World Climate Research Programme，WCRP）发起了多项国际耦合模式比较计划（CMIP5、CMIP6），给出了新一代温室气体在不同排放情景下的气候系统变化特征。这里所说的排放情景指的是 IPCC 工作组发布并使用的新的社会经济情景——共享社会经济路径（SSPs）（Riahi et al.，2017），决定排放情景的主要要素是人口和人力资源、经济发展、人类发展、技术、生活方式、环境和自然资源禀赋以及政策和机构管理。

CMIP6 中使用了 SSP1 ~ SSP5 共 5 个 SSPs。在 SSP1 情景下，社会实现可持续发展且气候变化的挑战很低，全球经济发展均衡化，生态环境良好，人类社会教育水平高，政府政策合理等；SSP2 情景是中等发展情景，面临中等的气候变化挑战；SSP3 情景下面临高的气候变化挑战；SSP4 情景下，面临很高的气候变化挑战，以适应挑战为主；SSP5 是常规发展的情景，以减缓挑战为主。除了共享社会经济路径外，全球有效辐射强迫值也是一个重要指标。在 CMIP6 的试验设计中，SSP1 ~ SSP5 情景下，2100 年人为辐射强迫值分别为 1.9、2.6、4.5、7.0 和 8.5 瓦 / 米^2。目前的预估结果多根据这 5 类排放情景下的试验结果而来。

第二节　基于不同排放情景的未来气候预估结果

对于全球区域来说，预估结果显示，温度和降水在未来都会产生明显的变化。IPCC 第六次评估报告指出，在 SSP5–8.5 的情景下，全球平均表面温度升高幅度将在 20 年内达到或超过 1.5℃。即使在 SSP2–4.5 和 SSP3–7.0 的情景下，这一温升结果仍有可能出现。到 2030 年，相较于 1850—1900 年的平均值，在任何情景下的全球地表温度升高都有可能超过 1.5℃。这种增温幅度在海洋和陆地的表现有所不同，21 世纪的陆地表面的增温幅度将高于海洋表面的增温幅度。值得注意的是，北极的增温幅度将明显高于全球的平均值。对于降水来说，在全球气候变暖的背景下，21 世纪的陆地平均降水将增加。CMIP6 模式的结果显示，2081—2100 年相比于 1995—2014 年，在 SSP5–8.5 的情景下，平均降水量将增加 0.9% ~ 12.9%。从区域上来看，降水变化存在明显的区域性和季节性差异。

热带地区和高纬度地区的降水可能会增加，而副热带大部分地区的降水可能减少。此外，陆地区域可能会有更多的地区降水增加或减少较为显著，大部分地区降水的年际变化加强。

对于中国区域来说，在未来百年尺度上，各类气象要素和大气环流系统都将经历显著的变化，且区域之间具有明显的均衡性。例如，东亚夏季风增强，降水增多，南亚夏季风减弱，但受其影响的主要区域降水仍然增多，而东亚冬季风整体上变化不明显。CMIP5 的结果显示，中国地区在未来整体降水增多、气温升高，且变化幅度大于全球平均。CMIP6 模式在 SSP1–2.6、SSP2–4.5 和 SSP5–8.5 三种情景下都反映出同样的变暖变湿趋势。气温变化方面，CMIP6 中的 13 个全球气候模式的结果表明，在 SSP1–2.6 的共享社会经济的情景下，中国的平均气温在 21 世纪中叶将会比 1986—2005 年的温度增高 2.0℃，在 21 世纪末期有所降低。在 SSP245 情景下，21 世纪末期升温幅度在 1.4 ～ 3.9℃，在 SSP5–8.5 情景下，这一数字达到 3.2 ～ 8.7℃。降水方面，CMIP6 结果显示，相较于 1986—2005 年，21 世纪末期的中国地区年平均降水量在 SSP1–2.6、SSP2–4.5 和 SSP5–8.5 的情景下分别增加约 7 ％、9 ％ 和 18 ％。然而，气温和降水的变化展现出了很强的区域分布不均匀的特征。例如，升温区域主要在中国东北地区和青藏高原地区（周波涛 等，2020），降水变化的空间结构则表现为中国北方和青藏高原等地变湿，而中国南方地区变干。

尽管 CMIP6 模式对未来降水和温度的变化给出了合理预估，但是仍然存在很大的不确定性。CMIP6 中不同模式的预测结果差别很大，一方面，模式本身存在不确定性；另一方面，气候要素受到内部变率的影响，在区域尺度上很难呈现减排效果。

第三节　极端气候预估

全球各个区域对变暖的响应程度不同，这种不均衡性容易造成短时间内的区域天气变化超过长期气候波动的范围，此时，极端天气气候事件便出现了。例如极端高温、极端低温、暴雨洪涝、干旱和龙卷等，都是较为常见的极端天气气候事件。虽然极端天气气候事件相比于常见的天气过程发生概率要低得多，但是一旦发生，就会对社会经济和人民财产安全造成巨大影响和危害，需要对其进行准确的预测和预警。然而，极端天气气候事件往往具有更短的变化周期和更大的波动范围，预测程度相比于长期气候变化困难很多。

极端气候预估是气候变化预估中的重要组成部分，备受社会和民众的关注。相对于气候平均态的变化，极端气候对全球变暖的响应更为明显，且极端事件的发生对区域经济和社会环境的影响更大。对于全球尺度而言，随着全球变暖的不断加剧，大部分极端天气气候事件类别的发生强度和频率都显著增加。例如，高温热浪事件增多、极端强降水事件增多和农业生态干旱时间增加等。根据已有观测数据，在过去近 80 年间，全球多个国家和地区的极端降水事件增加，且在 21 世纪增加趋势更为显著。极端降水总是伴随着洪水和风暴潮等其他极端天气气候事件，也经常和极端气温相互影响。相关研究显示，地表温度每升高 1℃，大气中的水汽含量大约增加 7％。虽然极端降水和极端气温之间存在一定的相关关系，但是极端降水相比极端气温变化在空间上更具有不均匀性，更加难以预估。

在区域尺度上，极端天气气候事件表现出了很强的非均衡性。例如，在亚洲和欧洲地区近十几年来高温事件明显增加，热浪发生频率大大提高，海洋热浪事件也呈现了增多趋势。但是，有部分区域，例如美国中西部地区，极端高温事件却出现了减少趋势。对于中国地区而言，近半个世纪以来的变暖趋势都是十分明显的，且幅度高于同期全球的变暖幅度。在过去几十年间，中国整体观测到的极端暖干、暖湿气候事件有所增加，干冷和湿冷气候事件频率减少。在 SSP1-2.6、SSP2-4.5 和 SSP5-8.5 三种情景下，未来中国地区的极端冷事件将减少，而极端暖事件将增加，尤其在 SSP5-8.5 的高排放情景下，至 21 世纪末期，现在 50 年一遇的极端低温事件将基本消失，而极端高温事件将在 1 ~ 2 年就发生一次（Xu et al.，2018）。极端气温的变化幅度在区域尺度上有所不同。中国西部地区的热日持续日数增加最明显，青藏高原、新疆和华南地区冷日持续日数减少最明显。在降水方面，根据 CMIP5 模式的模拟结果，未来极端降水显著增加，降水在未来逐渐向着极端化发展，而最大连续无降水天数在 21 世纪后期显著减少，区域干旱可能有所缓解。从空间分布的角度来说，在不同排放情景下极端强降水的预估结果基本一致，即除了长江流域和华南地区，中国大部分地区极端降水时间均增多，这可能与不同模式预估的夏季环流变化不同有关。总体来说，在更高的排放情景下，极端降水指数的变化幅度更大（Hui et al.，2018）。

气候变化除了带来更多的极端温度事件和极端降水事件，也促使了更多复合型极端事件的发生，例如，风暴潮、高温热浪天气和高温高湿天气等得到越来越多的关注。在中等排放情景下，21 世纪末的中国区域人体热感受将普遍升高，极端高温高湿天气将大幅增加，冰川融化、冻土减少、沿海水位升高等趋势整体还将继续。而在高排放情景下，复合型极端事件发生的频率可能更高（Suchul et al.，2018）。

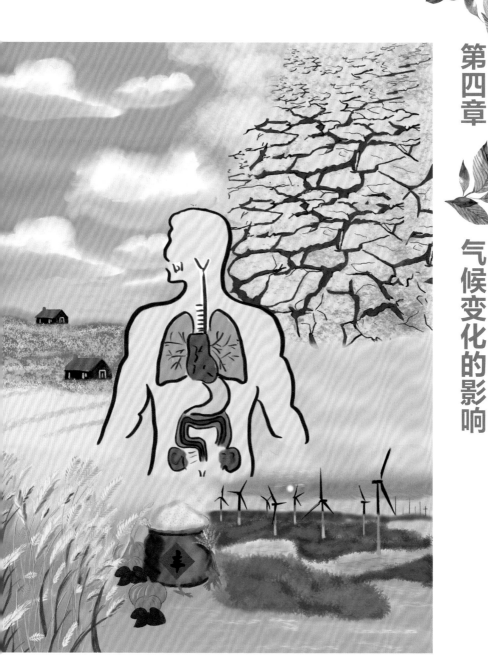

第四章　气候变化的影响

　　随着全球变暖的不断加剧，气候变化不仅影响降水、温度等各种自然要素，而且对经济发展、农业、水资源、交通运输业和人体健康等各个方面产生越来越显著的影响。相比于全球平均变暖幅度，中国正经历着更为剧烈的变暖和更为严峻的气候变化风险。近半个世纪的明显变暖趋势可能会导致中国的季风气候受到影响，也可能会引起水资源短缺、能源危机和生态环境恶化等问题，因此气候变化带来的影响和风险受到了广泛的关注。尤其是在中国这样一个幅员辽阔、地形复杂且经济发展不平衡的人口大国，极端天气气候事件对经济发展和社会稳定造成的逐渐增大的影响已经不可忽略。

第一节　气候变化对农业和粮食安全的影响

　　气候变化通过影响大气环流、水资源、热量和光能等农业气候资源改变了农作物生长发育所需的环境条件和物质能量基础。随着全球变暖的不断加剧和人类工程化进程的不断推进，全球气候变化对农业造成了越来越显著的影响。例如，1998 年、2022 年和 2003 年等气温都有显著提升，这几年里，全球极端气候灾害频繁发生，对我国粮食生产造成严重危害，使我国粮食安全遭遇新的危机。我国 1998 年的特大洪水灾害，2003 年我国北方地区的严重沙尘暴、南方地区的高温热浪等，这些极端天气气候灾害严重影响了我国农作物的播种量和产量，使得农民的财产和收入遭遇了重创。

　　随着全球变暖的不断加剧，全球气候变化导致农业气候资源的总量和空间分布发生了显著变化。虽然我国的主要粮食作物（水稻、小麦、玉米和大豆）产量和进口量大大增加，人均粮食占有率呈现上升趋势。但是随

着社会不断发展和进步，人民的食物消费结构不断优化，我国未来仍然面临巨大的粮食安全挑战。在未来，我国农业资源的总量将继续增加，但空间分布格局展现出极其不均衡的特征。一方面，气候变暖，温度升高，日平均气温高于 10℃的持续日数增加，农业热量资源增加，农作物的最佳生长期变长，适宜种植多熟农作物的面积扩大；另一方面，气候变化导致极端天气气候事件增多，洪涝、干旱、高温和低温等农业气象灾害风险增加。其中，干旱对农业生产影响最大、影响范围最广且发生频率最高。气温升高会缩短农作物的生长周期，但是，农作物的长势会大大降低，温度升高会导致蒸发量变多，抑制作物对 CO_2 的吸收，使得光合作用的进程减慢、强度降低，对农作物的生长带来不利影响。与此同时，气温升高会使得土壤中的肥料分解流失，不利于保存养分。农业生产环境的退化和农业气象灾害的频发会使单位面积粮食增产幅度降低，也会导致农作物品质下降。

此外，气候变化对农业的影响也会辐射到畜牧业。极端降水、沙尘暴等极端气象灾害的发生会造成草场退化，沙漠化加剧，影响牧草储量的变化。此外，畜牧饲草供应不足会引发一系列农牧结构的变化，增加农业生产的不确定性，迫使农民调整畜牧业的产业结构，只能将农牧业朝着新的草势较好的地区迁移靠近。长期来看，这种行为实际上在一定程度上是"恶性循环"，会间接导致一个接一个的草场退化，使得区域土地荒漠化加剧。

除了上述的极端天气气候事件的影响，大气污染对中国粮食的供给也产生了诸多不利影响。例如，O_3 增加会导致冬小麦产量下降（Tang et al.，2013），人为气溶胶的排放增加使得华东地区辐射减少，导致水稻和小麦产量下降（Tie et al.，2016）。目前，中国农业应对气候变化包括减缓和适应两个方面，减缓和适应两个方面同样重要。未来我国需要重视农业风险管理，采取积极有效的措施适应农业气候变化。

内蒙古呼伦贝尔草原畜牧业

第二节　气候变化对水资源和水安全的影响

　　根据世界气象组织（World Meteorological Organization，WMO）和联合国教科文组织（United Nations Educationnel，Scientific and Cultural Organization，UNESCO）的定义，水资源是指可以被利用或有可能被利用的水源，这个水源应具有足够的数量和合适的质量，并满足某一地方在一段时间内具体利用的需求。

　　在全球气候变暖的背景下，气候变化对水资源和水安全产生了重要影响，气候变化对水资源的影响评估是全球变化研究领域的重点之一。目前有众多指标可以用于量化水资源的变化，例如流量、径流、洪水总量、超阈值洪水强度、洪水频率、洪水重现期和标准化径流指数等。对于历史时期的水资源变化，通常利用观测到的径流数据结合水文模型和同时期的气象观测数据和土地利用变化进行分析，并开展气候变化和人类活动对径流变化贡献率的分析和诊断。对于未来水资源的变化，多采用特定温室气体排放情景下的结果驱动水文模型，比较不同气候情景下水资源的各项指标的变化，来定量化评估气候变化对水资源的影响。与此同时，还可以通过将水文模型、水库调度和发电模型进行耦合，评估气候变暖背景下水资源系统的安全风险和发电效益。

　　在全球尺度上，全球对流层和地表水汽含量在近 40 年增加了 3.5% 左右。冰冻圈退缩，冰川不断融化，两极地区的积雪面积和海冰范围逐年减少。与此同时，全球许多主要河流的径流量和极端洪水等指标发生了一定变化。在大洋洲南部、欧洲南部、北美洲西部和东部地表径流减少，在南美洲、欧洲中北部和北美洲中部地表径流增加，亚洲和大洋洲的径流变化不显著。

值得注意的是，气候变化只是径流变化的影响因子之一，径流本身也有可能存在自身的阶段性变化特征。此外，土地利用变化、城市发展建设和水利调度工程等人类活动也会导致流域径流的变化。

我国有长江、黄河、淮河、海河和珠江等重要水系，在气候变化和人类活动的共同作用下，径流的时空格局变化十分复杂。在过去几十年间，我国南部和北部的流域变化呈现不同态势，黄河、海河等北部区域径流主要呈现明显的减少趋势，南部的径流变化特征不明显，且更为复杂。长江、珠江等流域不同时段、不同子流域都表现出了径流变化的差异性。影响径流变化最主要的因素是降水，降水量显著增多的区域通常径流量也显著增大。此外，气候变化导致地表温度上升，使得冰川融化加剧，冰川面积减

长江三峡坝区

少，部分河流出现冰川消融的拐点，冰雪融水的补给是径流增长较快的重要原因（杨春利 等，2017）。径流的变化会对我国水利工程产生重要影响。气候变化会导致水循环改变，引起径流总量的变化和在时间和空间上的分配变化。例如，三峡水库作为开发和治理长江的重要核心工程，具有防洪、发电等巨大综合效益。随着全球变暖的不断加剧，未来长江流域的降水量也有极大可能增加。这会产生两方面的影响：首先，流域内大部分水库来水增加使得发电量增加，有助于提高水库的供水效率；但是，与此同时，不断增加的洪水风险也会增加水库的调度难度，需要采取更多的适应性应对措施。

总的来说，当前全球变暖的显著趋势会极大影响水资源的供应和消耗，对区域水安全产生至关重要的作用。气候变暖将导致水循环加剧，对降水、蒸散发和土壤水等产生影响，增加极端水文气候事件发生的强度和频率，影响人类生产生活的用水安全和水利工程的供水效力。此外，气候变暖导致干旱增加，进而使得流域枯水期增长，影响水库蓄水、水力发电以及航道运输等，因此未来需要从行业用水、流域水资源管理等方面深入探究气候变化对水资源的影响和风险，提高水资源系统应对气候变化的能力。

第三节　气候变化对能源的影响

能源是指能够提供能量的资源，包括热能、电能、光能、机械能、化学能等。能源利用与气候变化息息相关。传统能源包括煤炭、石油、天然气、水电和核电等，通过依靠自身物质的燃烧产生的能量作为能源。随着全球变暖的不断加剧，能源需求、能源生产、能源输送和供应都会随着气候要素的变化产生变化，进而对能源安全产生广泛而深远的影响。

总体来说，传统能源受到气候变化和外界影响不多，但是过多使用会产生大量温室气体和污染，对人类社会和自然环境产生危害。一方面，化石燃料等传统能源的大量使用是导致气候变化的重要原因；另一方面，气候变化也对能源生产和效率的产生重要影响。IPCC 评估报告指出，能源部门是在气候变化大背景下，整体受影响最大、最脆弱的部门之一。

风能和太阳能是受气候变化影响的可再生能源。随着全球气候变暖，我国各个地区的气压差缩小，导致低层平均风速减慢，对风能发电产生不利影响。此外，部分地区的太阳辐射减少会导致太阳能资源储量下降。目前来看，由于我国风能和太阳能总体资源较为丰富且风力发电和太阳能发电技术的不断提高，气候变化对风能和太阳能的开发和利用影响不大。然而，未来极端天气气候事件频发，气象要素的变化也越发异常。例如，高温热浪、极寒天气都需要大量的能源消耗来支撑社会经济的正常运转。全球电力危机频发也为人类社会敲响警钟，尤其是电网对于风能和太阳能等间歇性可再生能源的依赖程度高、在发生极端天气气候变化时的抗风险能力低，具有一定的局限性。

生物质能源的开发和利用也被用于应对气候变暖，生物质能源可以发挥重要的减排作用，目前的碳捕获和储存技术可以从吸收 CO_2 的植物中提取能量，捕获植物物质燃烧时释放的 CO_2，然后将大气中的 CO_2 储存到地下，有利于清洁型的大规模能源供给。但是，大面积种植生物燃料原料也会导致土地利用类型发生改变，进而有可能增加温室气体的排放，加速当地生态系统的退化。

此外，海洋可再生能源也是减缓气候变暖的新能源之一。IPCC 第六次评估报告指出，各国正在加大开发海洋能源的技术。然而，目前如潮汐能、波浪能和藻类能源等海洋能源技术仍然有许多瓶颈，并且受到资金限制发

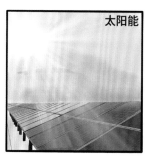

间接性可再生能源，抗风险能力低，
具有一定的局限性

清洁型能源，但不宜
大面积种植使用

减缓气候变暖的新能
源，技术仍有瓶颈

展缓慢。由于存在诸多不确定性，以及仍处于对海洋生态环境的影响等考虑阶段，海洋可再生能源并没有进行大规模的开发利用。

　　除了对能源本身，气候变化对能源基础设施和能源运输领域也产生了重要影响。极端天气气候事件的发生对高压电路、公路、铁路和海路等输送通道造成更大的损坏风险。例如，冰雪天气可能造成公路运输中断，大风天气可能导致电线杆和高压线塔倒塌，高温、暴雨和沙尘等极端天气对用电设备造成不利影响。因此，针对能源系统的脆弱性，未来急需采取系统性和工程性更强的适应性方案和举措。

第四节　气候变化对人体健康的影响

　　气候变化与环境治理息息相关，从大气环境、地表水环境、人体舒适性等各个方面影响人体健康。气候变暖对人类的影响既有正面的，也有负面的。世界卫生组织指出：全球每年因气候变暖而死亡的人数已经超过 10 万人，如果世界各国不能采取有力措施，到 2030 年，全世界每年将有 30 万人死于气候变暖。首先，极端天气气候事件会直接对人类生活造成影响，如极端高温等事件会直接导致疾病或死亡；其次，极端天气气候事件会间接影响人类健康。通过增加传染病发生概率，影响粮食产量、水资源安全，增加人群心理疾病等。

　　《2022 柳叶刀人群健康与气候变化倒计时报告》指出，气候变化对全球造成的健康损害正在持续恶化。首先，大气污染严重影响人体健康。一方面，气候变化通过影响天气气候影响区域污染物浓度；另一方面，由于适应气候变化而增加的传统燃料燃烧会导致污染物排放的人为来源增多。第二，地表水环境的质量也受到气候变化的影响。气温升高加快水体中的各类化学反应速率，促进微生物的新陈代谢过程，影响地表水中溶解氧和各类矿物质的含量。此外，极端天气气候事件增多，降水格局改变，使得流域内的有害物质向湖泊输入，加剧湖泊水环境的富营养化（Ding et al.，2018），对居民用水产生不利影响。第三，气候变暖导致极端高温事件频发，中国居民的健康受极端降水和登革热疾病的影响在过去 10 年中呈现上升趋势。与 1986—2005 年的平均值相比，2021 年中国热浪天数增加了 7.85 天，安全户外活动的时间缩短近一半；潜在的劳动时间减少了 7.1%。在大城市地区，社会经济活动更加频繁且剧烈，人口更为集中，形成了城市热岛效应。与此同时，由于人口密集且生活水平相对其他地区更高，大城市民众对气候适宜性的要求也更高，而城市的高温热浪现象对工作、生活和心理健康正在产生着越来越大的负面影响。

　　未来中国的气候变暖将进一步加剧。然而目前，我国的公共卫生服务系统暂不完善，无法应对气候变化导致的各种事件，尤其是极端天气气候事件引发的大规模人群健康问题和公共卫生事件。深入开展气候变化对人体健康产生的影响相关研究，加快建立完善公共卫生服务体系，采取更多行之有效的适应气候变化的对策和措施十分迫切。

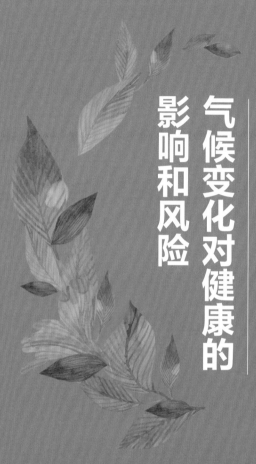

第二篇
气候变化对健康的影响和风险

自然生态系统中，病原体与宿主的相互作用是一个自然平衡的过程（Machalaba et al.，2017）。但是，近百年来人类活动导致的气候变化打破了生态系统的平衡，加快了病原体适应外界环境的速度，使病原体加速变异进而感染新的宿主，甚至脱离自然环境进入人类社会。通过影响病原体的繁殖能力和生存时间、传播媒介或中间宿主的时空分布，气候变化从根本上改变了传染性疾病的传播规律与流行特征（Rees et al.，2019）。

在全球气候变化背景下，洪涝、干旱、台风、野火等极端天气与气候事件的发生频率与强度均显著增加。一方面，极端天气事件和恶劣的天气条件引起生物的大规模迁移，病原体依附海洋、陆生或空中的动植物进行传播，大大增加了动物源性疾病蔓延到人类的风险。这些过程可能起源于局部地区，但也可能产生全球性的后果。另一方面，气温升高带来的暖冬可能使需要迁徙过冬的宿主种群继续居留在原地，而病原体在暖冬的存活率也会提高，增加了居留在原地的生物种群感染这些病原体的风险，加快传染病在人类社会的出现与蔓延。

气候变化还会对野生动物的栖息地产生重要影响，尤其是对食物和水源的影响，可能增加种群聚集或栖息地范围改变，使野生动物的栖息地与人类居住地出现重叠。有证据表明，近年来出现的新发传染病与野生动物有很大的关系（Liu et al.，2018），人类和野生动植物的频繁接触会增加易感人群被感染的风险（张文宏，2020）。气候变化导致的恶劣天气条件也会造成野生动植物栖息地的丧失或退化，自然栖息地的消失将迫使野生动植物从自然环境走向人类社会，让人类有更多的机会接触到野外存活的病原体（Gottdenker et al.，2014）。此外，全球平均气温升高导致大量的冰川和冻土融化，有可能释放出被封存在其中万年之久的远古病毒，从而对人类健康构成重大威胁。

第一节 媒介传播疾病的气候变化健康风险

媒介生物的时空分布和生物特性可随全球气候变暖而变化,如媒介生物及宿主年内活动期延长、携带病原体的生长繁殖期扩大等。气候变化造成的降水改变会引起地表水量、植被量及宿主数量等发生变化,导致媒介传播疾病的传播方式发生改变。

蚊媒传播疾病

登革热

登革热是由登革病毒引起的由伊蚊传播的急性传染病,临床上以突发高热,全身肌肉、骨、关节痛,极度疲乏,皮疹,淋巴结肿大及白细胞减少为主要症状。埃及伊蚊和白纹伊蚊是该病主要传播媒介,病毒通过伊蚊叮咬传播,在非流行期间,伊蚊还可能是病毒的储存宿主。登革热暴发通常发生在温度、降水量相对较高的季节,连续细雨或规律降雨期间(Wang et al.,2019a)。

登革热的发生在全球和区域尺度都和气候变化密切相关。例如气温升高造成登革热病毒的外潜伏期缩短,媒介伊蚊叮咬率增加;降水增多加速媒介伊蚊的发育和繁殖等。近年来,登革热在我国出现多点暴发态势。有研究报道,气温、相对湿度、风速、降水等气象因素驱动了广州市登革热的发病(Xu et al.,2017);其中,温度和降雨可用于登革热的早期预警。温度、降水和相对湿度则是台湾南部登革热发生的重要影响因

伊蚊

素（Chuang et al., 2017）。未来所有排放情景下我国登革热的风险区均显著向北扩大，使更多地区适合登革热传播和流行，风险人口显著增加。1981—2010 年，我国共有 142 个县（区）的约 1.68 亿人口处于登革热高风险区域。在低排放情景下，到 2050 年登革热的高风险区将覆盖 344 个县（区）的约 2.77 亿人口，到 2100 年登革热的高风险区将覆盖 277 个县（区）的约 2.33 亿人口；而在高排放情景下，登革热的高风险范围将进一步扩大，2100 年将增加覆盖至 456 个县（区）的约 4.9 亿人口（Fan et al., 2019）。

疟疾

疟疾是经按蚊叮咬或输入带疟原虫者的血液而感染疟原虫所引起的虫媒传染病，广泛流行于热带和亚热带发展中国家，是危害最严重的传染性疾病之一。寄生于人体的疟原虫共有 4 种，即间日疟原虫、三日疟原虫，恶性疟原虫和卵形疟原虫。其中，以间日疟原虫和恶性疟原虫感染最为常见，主要表现为周期性规律发作，全身发冷、发热、多汗，长期多次发作后，可引起贫血和脾肿大，重症者可危及生命。疟疾高风险人群包括婴儿、5 岁以下儿童、孕妇及免疫力低下人群，2/3 以上的疟疾死亡病例发生在 5 岁以下儿童。

疟疾的发生风险主要与按蚊的分布有关，气候因素可通过对按蚊适生环境影响而影响疟疾发生风险。疟疾发病数对气温、相对湿度、日照时长等因素敏感（Xiang et al., 2018），与降水量存在交互作用（Wu et al., 2017）。无论是否有政策干预，随着气候变化发生发展，未来我国疟疾媒介大劣按蚊、微小按蚊、雷氏按蚊和中华按蚊的环境适生区都将显著增

按蚊

加。如果同时考虑土地利用和城市化水平，2030 年和 2050 年暴露于 4 种
媒介按蚊的人口数将呈现显著净增长（Ren et al., 2016）。气候变化将
显著增加我国的间日疟和恶性疟发病风险，无政策干预情景下的恶性疟较
间日疟增加更多，媒介按蚊的环境适生区范围扩大更广。

流行性乙型脑炎

流行性乙型脑炎，简称"乙脑"，是由嗜神经的乙型脑炎病毒所致的
以脑实质炎症为主要病变的中枢神经系统急性传染病。该病经蚊叮咬传播，
有季节性流行特征，主要分布于亚洲，在热带地区全年均可发生，在亚热
带和温带地区 80% ～ 90% 的病例集中在 7 月、8 月、9 月 3 个月，主要
与蚊繁殖、气温和降水量有关。临床上以高热、意识障碍、抽搐、病理反
射及脑膜刺激征为特征，病死率高，部分病例可留有严重后遗症。

乙脑病毒主要通过库蚊传播，特别是三带喙库蚊，其分布决定了乙脑
的分布。气象因素如气温、降水等可通过对
三带喙库蚊生活史各阶段产生影响，从而影
响乙脑的发生。我国陕西和西南地区均发现
乙脑发病风险与气象因素密切相关（Bai et
al., 2014；Zhang et al., 2018b）。

库蚊

鼠传播疾病

鼠疫

鼠疫是由鼠疫耶尔森菌引起的烈性传染
病，主要流行于鼠类、旱獭等啮齿动物。人
间主要通过带菌的鼠蚤为媒介，经人的皮肤
传入引起腺鼠疫，经呼吸道传入发生肺鼠疫，

鼠蚤

均可发展为败血症,临床主要表现为高热、淋巴结肿痛、出血倾向、肺部特殊炎症等。该病传染性强、病死率高,属国际检疫传染病和我国法定的甲类传染病。

降水量与气温通过影响鼠疫的宿主动物丰度和蚤指数,进而影响鼠疫流行动力学和鼠疫流行范围。沙鼠中的鼠疫流行随着春季温度的上升和夏季的湿润而增加,温度升高 1℃ 将导致鼠疫流行率增加超过 50%。鼠疫的传播强度则和降水量之间存在非线性关联,湿度和降水共同调节跳蚤的种群密度,进而影响鼠疫的传播。在干旱条件下,降水的增加有利于媒介的生存和繁殖,从而增加鼠疫的传播强度(Xu et al.,2011)。在潮湿的条件下,降水的增加会减少我国南方黑线姬鼠等传染源的种群数量,相应地减少鼠疫的传播强度。发生强降水事件时,传播媒介跳蚤种群数量增长会被抑制(Krasnov et al.,2002)。

肾综合征出血热

肾综合征出血热,又称"流行性出血热",是由汉坦病毒属的各型病毒引起,以鼠类为主要传染源的一种疾病。该病以全身小血管和毛细血管广泛性损害为主要病理表现,临床上以发热、低血压休克、充血出血和肾损害为主要表现。在我国,黑线姬鼠是主要宿主动物和传染源,林区则以大林姬鼠为主。鼠类携带病毒的排泄物污染尘埃后形成气溶胶,能通过呼吸道传播给人类,进食被污染的食物可经消化道传播,被鼠咬伤或破损伤口接触带病毒的鼠类排泄物或血液后亦可导致感染。传播动物的生物学活动受相对湿度、降水量和风速等气象因素影响,呈现明显的季节性和周期性(Xiang et al.,2018)。

螺传播疾病

气候变化可引起血吸虫病中间宿主钉螺的繁殖和孳生地扩大，流行区范围北移，分布区扩大。相比1991—2005年，2050年和2070年不同情景下的血吸虫病分布范围北界线均出现北移，在中国东部尤其是江苏和安徽境内北移明显，到2050年气候变化将使我国

钉螺及血吸虫

血吸虫病例增加500万。如果不考虑未来的适应措施与其他环境因素对血吸虫病的传播影响，血吸虫病流行区分布和传播指数将发生显著变化（Zhu et al.，2017）。

蜱传播疾病

发热伴血小板减少综合征（Severe fever with thrombocytopenia syndrome, SFTS）是我国发现的一种重要媒介传染病，由SFTS病毒引起，主要经蜱虫传播。临床表现主要为发热、血小板减少、白细胞减

蜱虫

少、消化道症状等。气温和相对湿度是影响我国SFTS发生的主要危险因素（Wang et al.，2017）。当月温度高于19.6℃或逐月相对湿度超过74.5%，SFTS风险显著增加，月最高温度和平均相对湿度每增加一个单位，发病风险将分别增加25.7%和10.3%。

莱姆病是通过硬蜱虫叮咬人而传播的一种螺旋体病，黑足蜱是莱姆病病原体的传播媒介。气候变化导致的全球变暖为蜱种群提供了适宜的栖息地，其生长范围由美国向北扩展至加拿大南部，导致了加拿大莱姆病病例的增加。

第二节　食源性和水源性传染病的气候变化健康风险

气候条件的变化会加剧某些水、食物卫生疾病的风险。全球气候变化背景下，洪涝、干旱、台风、野火等多种极端天气气候事件的发生频率与强度均会显著增加，加剧清洁水源污染，破坏消毒设施，导致介水病原微生物滋生，进而造成水源性和食源性传染病的传播。

霍乱

霍乱是由霍乱弧菌引起的烈性肠道传染病，是我国甲类传染病，主要通过污染的水或食物传染，典型的临床表现为起病急、腹泻剧、多伴呕吐，并由此所致脱水、肌肉痉挛，严重者可发生循环衰竭和急性肾衰竭。霍乱的暴发往往表现出明显的季节性趋势，如在亚洲，夏季和秋季是霍乱发病的高峰期。环境温度的上

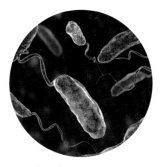

霍乱弧菌

升会导致霍乱弧菌菌群数量的增加，而干旱季节过后降水的增加会导致霍乱的大规模传播。霍乱弧菌在外界水体中维持存活的最适宜温度为 22℃，流行季节水温多在 20 ～ 30℃，全球变暖导致具备适宜水温的区域不断扩大。霍乱的发病与降水、气温呈正相关，与气压呈负相关。气候变化带来强降水事件的增加，造成淡水资源受到污染，湖泊和溪流中不安全的水成为滋生病原体的重要场所。

细菌性痢疾

细菌性痢疾，简称"菌痢"，是由志贺氏菌引起的乙类传染病，主要

通过粪口途径传播，志贺菌随患者粪便排出后，通过手、苍蝇、污染的食物和水，经口感染。

志贺氏菌

大量研究结果指出，气温、相对湿度、降水量、风速和日照时数可能影响细菌性痢疾的发生。细菌性痢疾的发病率与气温和湿度呈正相关，与日照呈负相关（Zhao et al.，2016）。定量研究发现，温度每升高1℃或相对湿度每增加1%，细菌性痢疾的发病率分别将增加3.194%和0.674%，发生洪水事件会显著增加细菌性痢疾的患病风险。气温影响细菌性痢疾的发生，可能存在以下几点原因：①志贺氏菌的最适生长温度为37℃，夏秋季的平均温度接近其最适生长温度，且存在时间较长，有利于志贺氏菌的繁殖和生长。②细菌性痢疾的传播途径涉及到受污染的食物、水，温度越高，食物腐败变质越快，细菌越容易滋生，水更容易受到污染。夏秋季人们通常通过物理方式进行降温解暑，如食用生冷食物、饮用更多水和户外游泳娱乐避暑等，使得接触到志贺氏菌的机会增多，更容易被感染。③高温暴露引起的中暑会影响免疫系统，使人们更容易感染传染病。高湿度可以增加志贺氏菌在食物表面的存活时间，同时高温高湿环境下人类网状内皮的功能效率降低，从而增加了对志贺氏菌内毒素的敏感性。水是菌痢传播的重要环节，高温和降水之间存在相互作用，高温多雨的环境不仅有利于志贺菌的生长繁殖，也有利于细菌性痢疾的传播。

气象因素对细菌性痢疾患病数的影响在不同气候区结果各异。在大连，随着气温升高、日照时数减少和风速下降，菌痢发病高峰前移；北京痢疾发病与当年和前1年的气温、风速和相对湿度相关，影响发病率的重要因素是平均降水量；银川菌痢发病与平均气压最为相关；张掖大部分地区菌痢发病人数和平均温度、降水都呈现显著正相关，山丹、肃南二县发病人数与平均风速呈显著正相关；在西藏甘南地区，气温和降水与菌痢发病呈正相关且具有一定滞后性。

其他感染性腹泻疾病

除霍乱、菌痢之外，气象因素对其他感染性腹泻疾病如沙门菌、大肠埃希菌、弯曲菌等也有一定影响。不同地区的研究表明，感染性腹泻的发病与气温高、相对湿度大、降水量增大等因素有关，沿海城市还与台风过后的多种气象因素有关。此外，社会经济状况也是影响人群健康的重要因素，低收入人群因住房条件较差、通常在户外工作和家庭的空调覆盖率低，气候变化适应能力较弱，更容易受到影响。同时，基础卫生设施和医疗保障缺乏也使得低收入人群更易患气候敏感性疾病，这些疾病会进一步增加该人群对气候变化的健康脆弱性。在湖南和安徽，洪涝灾害期间经济水平较低地区的居民对于感染性腹泻更加敏感。气候变化将会持续对未来的感染性腹泻疾病负担产生不利影响（Hodges et al., 2014）。

手足口病

手足口病是由肠道柯萨奇病毒引起的急性传染病，主要通过消化道、呼吸道和密切接触传播，临床表现为手、足、口腔等部位皮肤黏膜的皮疹、疱疹、溃疡，是危害儿童生命健康的主要传染病之一。

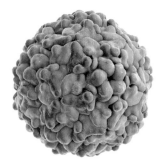

柯萨奇病毒

温度可以影响手足口病病毒的活性，风速、日照时长、温度等因素会对儿童的日常活动产生影响。大量研究表明，温度与手足口病的发生具有正相关关系，温度每上升 1℃，手足口病发病率平均将增加 8.7%（Coates et al.,2019）。气温能够直接影响手足口病病毒活性，也会影响人们的行为方式，天气温暖时人们室外活动增多，人群密切接触增多会加剧手足口病的传播。相对湿度与手足口病的发病呈正相关，当相对湿度在 50% ～ 70% 范围内时手足口病的发病风险较高，也有研究发现相对湿度与手足口病就诊人数间的暴露反应曲线呈倒"S"型或倒"N"型，即在一定的范围内，相对湿度越大，手足口病发病的相对危险度越大。日照时数可以通过影响气温、湿度从而对手足口病的发病产生一定的影响，太阳光中的紫外线辐射也具有灭活病毒的作用。另外，日照时数还会对人们的生活习惯与行为活动产生一定影响，行为模式不同会影响人们与肠道病毒的接触频率与接触方式，从而影响呼吸道传播的手足口病病毒。

儿童正处在生长发育期，体温调节等身体机能尚未成熟，对外界环境敏感，因此对气候变化的脆弱性较高。如热带风暴滞后 4 ～ 6 天可增加 0 ～ 14 岁人群手足口病发病风险，风险值在滞后第 5 天达到最大，0 ～ 14 岁人群中男性、0 ～ 4 岁儿童和散居儿童是热带风暴的敏感人群。同时，

散居儿童通常是指父母不在身边，独自居住或与其他亲戚生活的未成年人。

热带风暴还可增加3岁以下儿童,特别是3～6岁男童罹患手足口病的风险,台风期间降水量增加也是儿童手足口病的危险因素。

不同地区日均气温对手足口病发病的影响存在较大的差异。一个可能的原因是，手足口病的传播受到病毒活性的影响，由于各地区气温的差异较大，手足口病病毒的活性存在一定的差异。不同地区相对湿度与手足口病发病的关系不同，可能是因为相对湿度影响了肠道病毒的存活时间和繁殖能力，从而增加或减少接触病毒的机会。其次，当相对湿度较高时，感染者可能会将更多肠道病毒排泄到环境中。对免疫系统相对不成熟和自理能力较差的儿童，体液或细胞免疫可能受气候因素影响。随着相对湿度的增加，儿童身体出汗和新陈代谢受到限制，更容易感染导致手足口病的肠道病毒。潮湿的环境有利于肠道病毒附着在空气飞沫上，存活时间也更长。风速与手足口病的发病在不同地区存在一定的差异，结果的异质性可能与地理位置、社会经济地位和卫生服务的差异有关。手足口病的传播可以是呼吸道传播或者粪口传播，各地区的发展水平不同，个人的卫生习惯和社会的卫生设施存在较大的差距，从而导致手足口病的主要传播方式不同。

由于地理位置不同，个人所处的高度不同，当风速较大时，呼吸道飞沫的运动也会发生一定的改变。

　　由此可见，气象因素对水源性、食源性传染病的影响是综合的，加之人类活动模式的多因素构成，各因素相互作用，共同影响传染病的发生。因此，需要因地制宜地制定防控策略，同时进一步加强天气系统并提高人们（尤其是脆弱人群）的防护意识，以采取措施来适应和减轻气候变化的影响。

第三节　空气传播疾病的气候变化健康风险

　　从一百多年前的西班牙大流感，到新世纪以来的甲型 H1N1 流感、严重急性呼吸综合征和新型冠状病毒感染疫情的大流行，呼吸道传染病逐渐成为人类面临新发和突发传染病的巨大威胁。呼吸道传染病如冬季流感、人类呼吸道合胞病毒和多种人类冠状病毒发病都表现出明显的季节性特点，说明呼吸道传染病与气象因素存在一定程度上的关联性。

流行性感冒

　　流行性感冒简称"流感"，是由流感病毒引起的急性呼吸道疾病，属于丙类传染病，主要通过气溶胶飞沫及接触传播。流感的季节性流行模式很可能是病毒特性、环境因素以及人类活动模式等多种因素相互作用的结果（Roussel et al.，2016），并且随着地理位置的不同而表现各异。

流感病毒

寒冷干燥和潮湿多雨这两种环境条件均有助于流感流行（Tamerius et al., 2013）。西班牙2010—2015年流感传播的趋势受到温度、绝对湿度或降雨量等气候变量的影响，在绝对湿度降低的时期流感传播会降低（Gomez-Barroso et al., 2017）。芬兰的研究人员分析了因呼吸道症状就医的患者数量，发现在寒冷气候下，发病前3天的温度和湿度降低会增加流感发生的风险，温度每降低1℃或绝对湿度减少0.5克/米³，流感发病的估计风险就会增加约11%或58%（Jaakkola et al., 2014）。在我国浙江，环境样本中检测到甲型流感H7病毒的概率随着环境相对湿度的增加而增加（Lau et al., 2019），温度与人群H7N9型流感发生相关，温度介于7～15℃可能是H7N9发生和传播的驱动因素。重庆的流感发病表现出受湿度影响趋势，高相对湿度会增加流感活动的风险并持续3周，降雨对流感发生风险的效应高于无雨（Qi et al., 2021）。在北京，甲型H1N1发病率与气温、相对湿度、降水量和风速4个气象因素之间存在关联，病毒的扩散传播与干冷环境有显著的同步变化模式。在天津，当周平均温度处于−5～10℃、平均相对湿度为60%～80%的条件下容易出现流感高峰。在湖南，流感发病数与月平均气温、日照时数和降水量呈负相关。由此可见，流感病毒的传播取决于相对湿度和气温，并且流感的发作表现出与寒冷和干燥气候条件同步变化的模式，表明低相对湿度与低气温会增加流感流行的风险。此外，由于全球变暖，极端天气的天数每年都在增加，可能对公众健康构成更大威胁。沙尘暴，烟雾及其他极端天气气候事件引起的空气污染也可能促进流感的发生，当空气中的颗粒物浓度达到一定水平时，将会对甲型和乙型流感的发生构成风险。

世界各地对流感发病相关影响因素的研究大多数从气象的角度进行分析，发现不同区域和气候类型下研究结论差异较大，这可能与研究地区所处纬度、气候类型和人口特征有关，同时也不排除与所使用的统计方法和

沙尘暴侵袭城市

模型不同相关。因此，基于各地的气候特点建立有效的模型，应用于流感流行的预测预警系统十分必要。

严重急性呼吸综合征（SARS）

　　严重急性呼吸综合征（SARS）是一种由冠状病毒引起的病毒性呼吸道传染病。2003 年 2 月，SARS 首次在亚洲被报道。在2003 年 SARS 全球暴发得到控制之前，该疾病已蔓延到北美、南美、欧洲和亚洲的 20 多个国家。自 2004 年以来，世界上再没有任何已知的 SARS 病例报告。

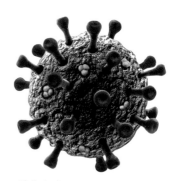

冠状病毒

SARS 病毒的传播有特定的气候条件，适宜传播气温在 15.5℃ 左右，气温过高或过低，SARS 病毒在空气中的存活时间都将减少。在冷空气活动期间，气压上升的同时气流下沉，容易使病毒在低空悬浮聚集、浓度增加。同时，研究者还发现风速与 SARS 的二次发病率之间存在负相关关系，表明高风速可能有助于稀释和去除飞沫，缩短病毒在空中的悬浮时间。降水可以影响空气中悬浮的病毒，降水较多时雨水可将空气中和附着在物体表面的病毒载体冲洗掉，从而减少病毒的传播。

新型冠状病毒感染

新型冠状病毒感染，是指由新型冠状病毒导致的急性呼吸道传染病。根据现有病例资料，新型冠状病毒感染以发热、干咳、乏力等为主要表现，少数患者伴有鼻塞、流涕、腹泻等上呼吸道和消化道症状；重症病例多在 1 周后出现呼吸困难，严重者快速进展为急性呼吸窘迫综合征、脓毒症休克、难以纠正的代谢性

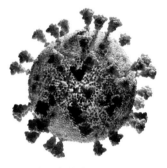

新型冠状病毒

酸中毒和出凝血功能障碍及多器官功能衰竭等；轻型患者仅表现为低热、轻微乏力等，无肺炎表现。老年人和有慢性基础疾病者愈后较差。世界气象组织指出，新型冠状病毒（以下简称"新冠病毒"）的环境敏感性和观察到的疾病模式呈现季节性流行的特点，且温带地区冬季的传播风险较高（WMO，2022）。

温度、湿度、紫外线辐射等气象因素会影响新冠病毒在气溶胶、物体表面及悬浮物、液体中的稳定性及活性。随着温度和湿度的升高，新冠病毒的存活时间缩短。即使存在轻微的温度上升（上升程度近似于夏季天气

变暖），也会导致病毒结构稳定性的破坏，尤其是处于干燥状态下。温带地区夏季正午的太阳辐射足以在不到 2 分钟的时间内灭活开放空间浓度中 63% 的病毒粒子。干燥状态的新冠病毒在室温下（20 ～ 25℃）可存活 3 ～ 5 天，在 4℃可存活大于 14 天，而大于 37℃时 1 天之内病毒就会丧失感染力。虽然低温和低绝对湿度利于病毒的存活，脉冲广谱紫外光（200 ～ 700 纳米）却可以有效灭活在多种物体表面的新冠病毒，且其对模拟阳光的敏感性与阳光的照度强度成正比。在 20℃或 35℃、相对湿度为 50% 条件下，模拟阳光可以迅速灭活新冠病毒。在人口密集的城市，约有 90% 的新冠病毒在夏日正午阳光下暴晒 34 分钟后失去活性。在冬季，沉积在感染者身体表面的新冠病毒可以在室外相当长的时间内保持传染性，并持续存在再次雾化和感染人类的风险（Sagripanti et al., 2020）。

　　气象因素可能影响人群的免疫能力，从而增加人群对疾病的易感性。研究证实，冷空气刺激会引起呼吸道黏膜的免疫反应，导致中性粒细胞等吞噬能力下降，使得病毒入侵，引起上呼吸道感染，从而诱发呼吸道相关疾病的发生。动物实验显示，气道暴露于冷空气刺激时会改变体内免疫调节，导致细胞因子和促炎性因子的表达增加，抑制细胞介导的免疫翻译（Davis et al., 2007）。而干燥的冷空气可以通过破坏易感者黏膜和减缓黏膜纤毛清除来抑制先天免疫反应，进而干扰先天免疫反应对于初始感染的预防、病毒复制的抑制以及调节免疫反应和炎症的严重程度（Lowen et al., 2007）。维生素 D 缺乏症患者感染新冠病毒和出现严重症状的概率是普通人的 3.3 倍和 5.1 倍（Ghasemian et al., 2021）。经常接受阳光照射会对维生素 D 的生成起到关键作用，有助于对抗新冠病毒感染（Ismailova et al., 2021）。多项在中国开展的研究利用标准化传播速率、传播能力、日确诊病例数、发病率、累计发病率等作为新冠病毒感染传播指征指标，揭示了气温与新冠病毒感染传播之间的负线性相关关系。从我国东北部寒冷地区、温带地区到亚热带地区，温度与新冠病毒感染标准化传播速率的相关系数依次降低。

传染病的暴发与流行取决于广泛的环境因素和复杂的社会条件，土地利用、城市化、贸易与全球化等人类活动既是气候变化的主要驱动因素，也对传染病的流行过程具有重要的协同作用。建立基于气候预测技术的传染病早期预警系统，是应对气候变化的重要策略，可以使得针对疫情的公共卫生应急响应更加及时。在理解温度、湿度、降水等天气条件如何影响传染病动力学及流行特征的基础上，可以结合生态学和流行病学的调查，确定发生疫情风险的气候条件并向决策者和公众发布预警（钟爽 等，2019）。未来还应通过更加有效的国际合作机制，加强"同一健康（One Health）"的理念倡导和科学研究，更好地平衡人类社会进步与环境可持续性和生物多样性之间的关系，以应对气候变化背景下传染病暴发的重大挑战。

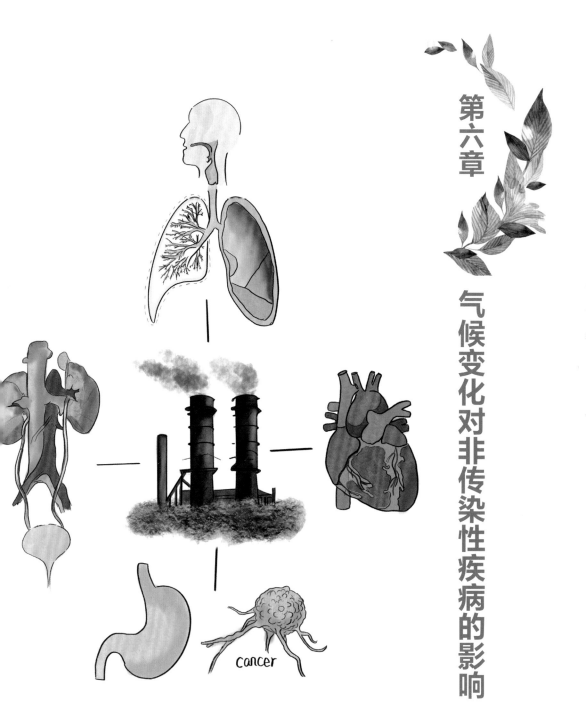

cancer

第六章　气候变化对非传染性疾病的影响

第一节　心脑血管疾病的气候变化健康风险

　　心脑血管疾病是心脏血管和脑血管疾病的统称，泛指由于高血压、血液黏稠、高脂血症、动脉粥样硬化等所导致的心脏、大脑及全身组织发生的缺血性或出血性疾病。人体是个较为稳定的恒温系统，在生活中我们的身体时刻感知外部环境变化，对体温及代谢作出调节。当外部环境发生急剧变化时，如气温突然升高或降低，温度感受器受到体内、外环境刺激，为了维持正常的体温，通过体温调节中枢活动，引起内分泌腺、血管活动等发生改变；对外表现为血压、心率、血液黏稠度等生理指标发生改变，由此加重了心脑血管的负担，促进了心脑血管疾病的发生。除气温外，环境湿度、气压等众多气象因素也起着重要的作用。近年来，全球变暖问题日益尖锐，热浪寒潮等极端天气气候事件出现更为频繁，气象因素对人体循环系统产生，特别是以心脑血管疾病为代表的慢性病的影响日益突出。

　　心脑血管疾病的发生和加重受到许多危险因素的共同作用，包括吸烟、不合理膳食、缺乏运动、超重和肥胖、高血压、血脂异常、糖尿病及环境因素等。在环境因素中，天气、污染因素、气候与环境的变化起到非常重要的作用。2022 年发布的《中国心血管健康与疾病报告 2021》显示，中国心血管疾病的发病率和致死率依旧高居榜首，2019 年城市、农村心血管病分别占死因的 44.26% 和 46.74%，患病人数达到 3.3 亿，给我国带来了极大的疾病负担。

　　我国国土辽阔，南北跨纬度广，因此气候差异显著，气候类型众多，心脑血管疾病全年皆有发生。但不同病种的发病情况呈现明显的地区性和季节性，尤其在东北和西部地区，天气寒冽且易受低温侵袭，心脑血管的发病及死亡情况在全国位列前茅。从秋末贯穿整个冬季都是心脑血管疾病

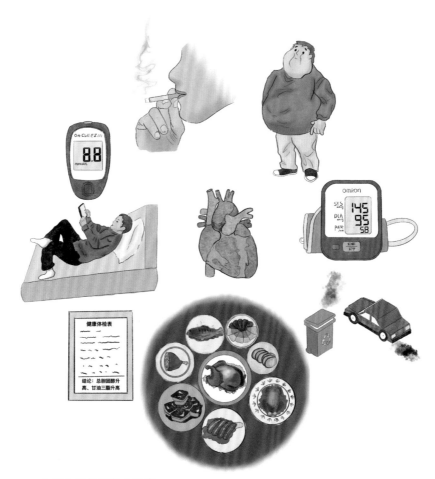

心脑血管疾病影响因素

高发的重要时间节点，立秋后气温波动幅度大，不仅面临"秋后加一暑"，还需随时迎接"秋老虎"，高幅度跳动的气温对人体不可避免地产生冷热刺激（陈丽云，2022）。寒潮的出现特别应该引起重视，因为低温对冠心病患者的冲击程度较高，因此寒潮发生后一段时间内往往伴随着发病高峰。

除低温外，高温引发的相关健康危害同样不容小觑。高温可以对人体健康产生快速的影响，所致的热射病不仅可以在极短时间内对人体健康产生极大危害，甚至可以快速引起死亡，对生命财产带来巨大威胁。近些年来，由于全球气候变暖不断加剧，夏季高温天气温度更高、持续时间更长，高温热浪和野火事件更加频发，2021年国庆期间重庆市全市有26个区县出现35℃以上高温天气，高温日数排在历史同期首位，其中有25个区县的日最高温度突破历史同期极值。2022年8月，重庆北碚发生山火，投入各级救援力量1.4万余人，耗时10多天将火扑灭。从全球范围看来，相比于2000—2004年，2017—2021年高温相关的死亡人数增加了68%。据《中国版柳叶刀倒计时人群健康与气候变化报告2022》报道，与1986—2005年平均值相比，2021年中国人均热浪暴露增加了7.85天，全国平均气温创下新高；安全户外活动时间减少48.2%；相关的死亡人数增加了1.3万余人（罗澜，2022）。

　　当外环境的温度超过一定界限时，机体为了调节平衡、维持体温稳定，机体血管开始扩张，血液流速发生改变，并通过加快皮肤表面汗液蒸发促进机体散热。对于患有心脑血管疾病的患者来说无疑额外增加了心脏及血管负担（陈娟 等，2021），一旦超过机体承受限度，便可能引起心肌功能或心脑血管异常，严重可导致死亡。当气温超过32℃时脑梗死的发生率就会较平时高出许多。随着气温的上升心脑血管的发病情况也在悄然增长，每年夏天都会伴随着一个心脑血管疾病发病及死亡的高峰，特别是脑卒中，也就是俗称的中风（刘敏，2021）。

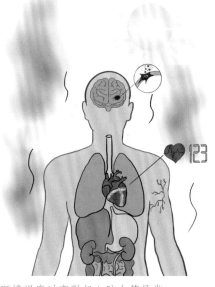

环境温度过高引起心脑血管异常

气候变暖除影响环境温度外，还会造成降水分布不均，由此引发的干旱和暴雨洪涝事件也更加频发，与历史时期相比，我国居民受极端降水的影响在过去 10 年中呈现上升趋势（罗澜，2022）。如 2021 年重庆市全年发生 22 次强降水，强度为 2008 年以来最重，且较多年平均水平偏多 4 次。温度高、湿度大的大气特点会使人体耐力超过忍受极限，进一步增加了心脑血管疾病的发病及死亡风险。除此之外还可以引起伤害事件增多，极大威胁了人民群众的生命财产安全。

健康的生活方式和健康的饮食是防止心脑血管疾病及一切疾病的"万能宝典"，使人受益终身。对于心脑血管疾病，健康的生活方式和健康的饮食可预防超过 8 成的发病或死亡。在日常生活中应关注天气变化，注意躲避高温热浪或低温寒潮，调整生活方式，减轻心脑血管负担。对于已患有高血压、动脉粥样硬化等易引发心脑血管疾患的基础疾病人群，还应注意随时关注血压变化，保持血压在一定范围内波动。

心脑血管虽然很"脆弱"，但大多数的心脑血管疾病是可以预防的（康天德，2022），在疾病发生前，积极主动了解并躲避其危险因素，避免其发生发展，不仅老年人要做好自我保护，也要谨防"老年病"找上年轻人（邰亚章，2022）。

第二节　慢性呼吸系统疾病的气候变化健康风险

随着社会经济的发展、人类生产生活方式的变化，疾病谱也在悄然发生改变。由于气候变化、大气污染、吸烟、人口老龄化、医疗检测手段提高以及人们对自身健康的重视等因素，呼吸系统疾病的构成发生了改变，但该疾病仍是住院和致死的主要疾病，而且也是日常生活和工作中最为常见的疾病（王晓丽，2017）。呼吸系统疾病的发生、发展及其转归会受到遗传、气候、大气污染等因素的影响。近年来，呼吸系统疾病发病率和死亡率呈明显上升趋势，这也提醒我们，在当前全球气候变化形势下，慢性呼吸系统疾病的流行需得到重视。

气候环境是人类生存的空间，也是人类赖以生存的最基本条件。有关研究发现，气温、湿度、降水、沙尘暴和雷暴等各类典型极端天气气候事件与常见呼吸系统疾病关系密切（屈芳，2013）。例如，上呼吸道感染与平均湿度关系最密切；慢性阻塞性肺病与最低气温关系密切；支气管哮喘及自发性气胸与平均湿度、平均气温关系密切；肺炎、支气管哮喘、肺心病也受到气候因素的影响。

低温和高温均可增加呼吸系统疾病风险，但不同区域增加幅度因气候、空气污染和其他因素影响存在差异。气温的变化如变温、日较差也对呼吸系统有显著影响。在我国长春，气温日较差每增加1℃，慢性支气管炎全年就诊率增加0.7%，而暖季和冷季增加率分别为9.0%和11.7%。老年人和女性尤其对气温及其变化敏感。如果地球变得越来越温暖，人类罹患呼吸系统等传染性疾病的危险性会加大。生活在非适宜温度下，会增加呼吸系统疾病的就诊率、住院率甚至死亡率（Lin et al.，2011）。在西藏、浙江宁波等地的研究发现，高温会增加呼吸系统疾病门诊量。夏季高温天气，人体出汗较多，呼吸系统水分流失，黏液分泌减少，纤毛运动减弱，使得呼吸道杀菌功能减弱，呼吸道感染的风险增加。相关的动物实验及临床研究结果显示，环境温度能够通过直接或间接的病理生理改变来引起或加重呼吸道疾病症状。温度通过刺激血管变化、释放炎症介质和降低免疫反应的有效性直接影响呼吸系统的发病率（Rocklöv et al.，2008）。此外，环境温度可以间接诱发呼吸道事件，如病毒感染、细菌活动或呼吸道感染。有关研究发现，气温可以通过影响气管黏膜纤毛清除，增加病原菌在肺内的沉积机会，从而间接增加呼吸道感染的概率（Watts et al.，2017）。同时，极端低温也会增加呼吸系统的发病风险，而且低温比高温的效应更强，滞后时间更久。寒冷环境可刺激呼吸道黏膜引起支气管痉挛和呼吸道炎性反应，使粒细胞和巨噬细胞增多，造成呼吸道感染，加重呼吸道疾病患者的病情（D'Amato et al.，2015）。在寒潮天气下，全人群、老年人和儿童呼吸系统疾病的就诊率显著增加。

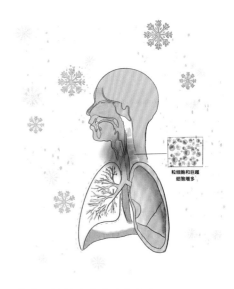

寒冷环境易造成呼吸道感染

在中国 31 个城市的研究中发现，寒潮与呼吸系统疾病、慢性阻塞性肺疾病的死亡风险增加有关。一方面，寒潮与呼吸系统疾病的关联可能是由于寒潮发生时呼吸道感染增加、支气管收缩和免疫系统的易感性降低。另一方面，寒潮发生时，各研究地区医疗卫生资源的分配不均也可能影响呼吸系统疾病的发生率增加。

对于慢性呼吸系统疾病，平均气温和气温变异均会增加呼吸系统疾病相关死亡的疾病负担。从平均气温来看，冷效应比热效应明显；从隔日气温总变异来看，高变异度比低变异度效应明显。其中不同人口学特征、发展水平地区及不同病种的健康风险不一样，例如男性归因于气温的呼吸系统疾病死亡比女性高，低发展水平地区隔日气温变异造成的呼吸系统疾病相关生命损失比高发展水平地区高，归因于气温的慢性下呼吸道疾病相关的生命损失也比其他病种高（李杏，2020）。

除了气温的影响，湿度也是影响呼吸系统疾病的重要因素。在寒冷季节里，相对湿度越低，气温对呼吸系统疾病的影响越显著。当人体吸入干燥的空气时，会引起呼吸道黏膜变得干燥，呼吸道纤毛的运动受到抑制，从而增加人体的易感性。气温与湿度协同作用会增加对呼吸和心脑血管疾病的影响。在干冷环境下，呼吸系统疾病发病风险最高，特别是在体感寒冷不舒适时，呼吸道疾病发病风险较舒适情况下会增加30%。此外，呼吸系统疾病也有一定的地域差异。在冬季，我国北方由于天气寒冷，冬季供暖，室内干燥，室内外温差增大更容易诱发疾病；而南方冬季室内冷，尤其在阴雨天气，湿冷环境也是诱发感冒等疾病的重要条件。

同时，空气污染也对呼吸系统疾病产生了重要影响。冬季吸入的冷空气会刺激呼吸道，有时还会携带灰尘、病菌污染物等对呼吸道产生刺激，尤其是北方冬季供暖地区，室内干燥，尘土和细颗粒物增加，更容易发病。随着气候变化导致的高温热浪、恶劣的空气污染天气以及其他一些极端天气气候事件的发生，呼吸系统疾病有可能大规模暴发。在这种情况下，老人、儿童、孕妇等易感人群需要得到更多支持与照顾。

第三节　内分泌系统疾病的气候变化健康风险

　　目前国内外关于气候变化与内分泌系统疾病关联的研究多集中在温度与糖尿病。气候变化会通过直接和间接途径增加糖尿病的患病风险，导致糖尿病患者的住院、脱水和死亡率增加等。环境温度影响内分泌腺功能，进而影响体液调节。一项在巴西开展的研究显示，7.3% 的糖尿病住院量可归因于热暴露，日平均气温每升高 5℃，当天及之后 3 天的糖尿病住院风险将会增加 6%，80 岁以上的老年人群住院风险将增加 18%（Xu et al.，2019）。除热暴露影响外，在极端低温和极端高温天气下，糖尿病住院率将分别增加 12% 和 30%（Bai et al.，2016）。较高的温度对内分泌疾病发病率的影响可能与相关腺体功能有关，如葡萄糖耐量和胰腺分泌胰岛素的水平均会受影响而发生变化（Yang et al.，2016）。而在低温天气，抗利尿激素分泌水平可能会降低，甲状腺小泡胶体消失，毛细血管充血，进而对甲状腺功能造成影响（孙长征，2017）。

　　除了全因糖尿病发病率以外，妊娠期糖尿病也应引起重视。气候变化和环境温度的改变也是影响妊娠糖尿病发病率的潜在因素。其中一个原因可能与环境温度升高时 β 细胞功能受损有直接关系。越来越多的证据表明，温度、能量消耗和脂肪组织代谢之间存在关联，低温诱导的棕色脂肪组织产生热量，可提高胰岛素敏感性。据报道，2 型糖尿病患者在中等寒冷的环境中仅生活 10 天，胰岛素敏感性就明显改善（Hanssen et al.，2015）。而低温暴露后，棕色脂肪组织高活性与血糖和糖化血红蛋白水平呈负相关。因此，随着全球变暖，棕色脂肪组织在葡萄糖稳态中的生理作用将受到阻碍，人群的糖尿病易感性将增加。气温每升高 1℃，糖尿病患

棕色脂肪组织是人体正常生物成分的一部分，在寒冷的环境中会被激活。棕色脂肪组织负责燃烧大量脂质，并增强交感神经系统以产生热量，棕色脂肪组织使用的脂质将反过来增加葡萄糖流入骨骼肌，从而改善胰岛素敏感性。

病率就增加 0.17%。另一方面，在寒冷的环境中，如果糖尿病患者患有自主神经病变，体温过低时的风险会更高（Su et al.，2020）。

高温导致妊娠期糖尿病发病率升高的另一个原因，可能是妊娠期糖尿病与维生素 D3 水平低有关，而维生素 D3 的水平会随日照的变化而变化；以及糖尿病的发病会受如饮食和体育活动等具有一定季节性变化的生活方式因素的影响（Pace et al.，2021）。有研究表明，缺乏维生素 D3 会使妊娠期糖尿病的风险增加 18%（Amraei et al.，2018），与空腹血糖和胰岛素抵抗指数呈负相关（Zhang et al.，2018c）。维生素 D3 能够促进胰岛素的分泌并增强其作用，从而降低血糖水平，同时还能够减少胰岛素抗性的发生，有益于孕妇和胎儿的健康，但是具体使用时需要在医生的指导下进行。

另外，儿童 1 型糖尿病的发生率也会受到温度的影响。在全球范围内进行比较时发现，儿童 1 型糖尿病的发病率存在南北差异，这种差异存在于欧洲内部，甚至单个国家内。1 型糖尿病的发病高峰一般出现在寒冷的季节（Joner et al.，1981），表明气候对其影响很大。一项在瑞典开展的研究发现，低温会增加儿童 1 型糖尿病的发生率（Waernbaum et al.，2016）。而动物实验和人类流行病学研究均表明，低温与胰岛素需求增加有关（Fahlén et al.，1971）。对这一现象的解释可能是在低温环境中去甲肾上腺素水平的增加部分介导了胰岛素抵抗的增加。一些个体对冷应激也可能有特定的交感神经 – 肾上腺髓质系统反应，长期随访研究的结果发现，去甲肾上腺素对冷加压试验的反应可以作为发生胰岛素抵抗的预测因子（Flaa et al.，2008）。

　　此外，除了气候变化与发病率的关系以外，目前也已有大量研究分析了环境温度与糖尿病死亡率的关联。极端高温和极端低温均可增加糖尿病的死亡风险，女性和老年人较易受到极端气温的影响（栾桂杰 等，2018）。在不同年龄段中，高温导致 65 ~ 84 岁年龄组人群的死亡数最多，占总死亡的 60% 以上（Li et al.，2014）。在澳大利亚、希腊、意大利、瑞典和英国等温带或寒冷地区以及热带城市开展的研究发现，不管是低温还是高温，都会对糖尿病患者造成巨大的风险（Seposo et al.，2017）。

　　环境温度会影响葡萄糖耐量（Akanji et al.，1991），这很可能是由于环境温度变化导致核心温度变化，驱动皮肤床和内脏床之间血流的重新分配（Li et al.，2014）。此外，接受胰岛素治疗的糖尿病患者随着温度的上升，其胰岛素的吸收能力增强（Koivisto et al.，1981），因此，当该类患者处于极端高温天气时，由于皮肤区域的血流量增加而内脏的血流量减少，以及因胰岛素水平变化引起的胰岛素吸收增加，致使糖尿病患者可能死于无法维持稳定的血浆葡萄糖水平而导致的不良后果（Li et al.，2014）。

　　最后，糖尿病与温度的交互影响也不应被忽视。糖尿病患者在高温下更容易出现体位反应障碍，从而导致身体体温调节障碍（Westphal

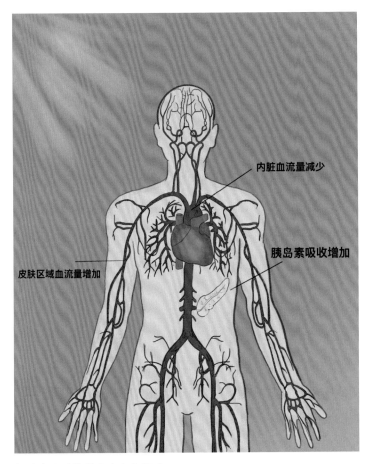

极端高温对糖尿病患者的影响

et al.，2010）。在热浪和炎热天气中，糖尿病患者更容易脱水和中暑，也更容易去急诊或住院（Green et al.，2010）。另外，干旱、洪水、野火等极端天气气候事件还可能破坏基础设施，对卫生系统产生负面影响，从而减少向包括糖尿病患者在内的弱势群体提供所需的卫生保健服务（Cuschieri et al.，2020）。

第四节　其他疾病的气候变化健康风险

神经系统疾病

气温是机体免疫功能的影响因素之一，温度的变化可能通过激活或抑制人体的免疫功能来诱发神经系统疾病的发生和发展。随着气温的下降，固有免疫和适应性免疫功能可能会受到不同程度的影响，且温度越低、损伤越重（杨思俊 等，2014）。而寒冷条件下的神经系统疾病与免疫功能存在关联。温度可能在多个水平上对适应性免疫产生不同的影响，高温通常会促进免疫细胞的活化和传播，而低温则会抑制这些过程。免疫功能过度活跃或者免疫功能受到抑制均会对人体的健康产生影响。此外，先天性免疫激活在神经系统疾病中也具有重要作用（Labzin et al.，2018）。

消化系统疾病

高温可能通过多种途径增加消化系统疾病发生的风险。大多数病原体在更高的温度下生长得更快，存活时间更长，由此增加细菌和寄生虫病原体的暴露风险，也增加了污染食品和水的机会。高温还会导致脱水、热痉挛和热衰竭，削弱身体的免疫力，影响胃腺、胰腺、肠腺分泌，造成消化功能紊乱。温度每升高 1℃，消化系统疾病的发病风险增加 2.52%（Wang et al.，2020b）。我国山西省某县的一项研究（高继平，2015）发现，肠炎性的痢疾及急性胃炎的发病率与季节变化有关，特别是肠炎性痢疾存在明显夏季高发趋势。此外，寒冷天气会加重消化系统疾病的发生和发展，从而增加患有消化系统疾病人群的死亡风险。

泌尿生殖系统疾病

极端高温可增加泌尿生殖系统疾病发生的风险，对尿石病的发病风险也有促进作用。高温天气时，在人体出汗增多而饮水量没有增多的情况下，尿液浓缩，肾脏功能不全，加之体外细菌侵袭，易引发泌尿系统感染、肾结石等疾病。我国一项研究（王敏珍 等，2012）分析了 2009—2010 年间北京市日平均气温与泌尿生殖系统疾病急诊入院人数的关系，结果显示，环境温度与泌尿生殖系统疾病急诊有着明显的正相关性。高温和热浪可显著增加急性肾衰竭的住院风险，累积相对危险度分别为 1.21 和 1.09（Sherbakov et al., 2018）。在澳大利亚和伦敦开展的研究也证明了肾脏疾病与极端高温之间的正相关关联。

伤害等意外事件

极端天气气候事件频发会对人群身心健康造成影响。高温炎热天气会引起或加重精神障碍，通过影响人类的心理（如使心情烦躁、情绪不稳定等）导致自伤害风险增加。新西兰的一项研究分析了环境温度与自伤住院的关联，研究结果显示温度每升高 1℃，自伤住院率额外增加 0.7%。环境温度还是影响交通伤害的重要因素之一，在高温环境下，司机情绪受到影响，更易产生疲惫困意，致使技术失误增多，且炎热对运输设备和地面设施产生影响，导致交通事故的发生。西班牙的一项研究（Sherbakov et al., 2018）评估了高温天气对机动车事故，特别是对与驾驶员行为（分心、失误、疲劳或困倦）有关的事故的影响，结果显示，热浪期间，事故风险增加了 2.9%。如果将研究因素限制在由于驾驶员行为导致的撞车时，事故风险增加到 7.7%。高温也会增加职业意外伤害的发生风险。室外环境温度（包括每日最高和最低温度）与职业伤害病例的关联研究中发现，每日最高温度每升高 1℃，职业伤害风险增加 1.4%。其中，男性、中年工人、中小企业工人以及在制造业的工人更为敏感。而每日最低温度每升高 1℃，职业伤害风险增加 1.7%。其中，女性、中年工人、大型企业工人以及在运输和建筑部门工作的工人更为敏感（Sheng et al.，2018）。我国一项研究（苏雪梅 等，2019）指出，极端高温与极端低温均可显著增加伤害死亡风险，累积相对危险度分别为 1.42 和 1.12。

癌症

气候变化可能通过空气污染、紫外线辐射、食物和水供应中断、暴露于工业毒物及可能的传染病等影响癌症的发生，包括肺癌和上呼吸道癌、皮肤癌、胃癌及肝癌等。

肺癌是全球癌症死亡的主要原因，虽然烟草消费仍是肺癌死亡的第一大原因，但随着烟草控制得到改善，空气污染构成的威胁越来越大。受到人类活动的影响，空气污染的严重程度正在增加，而空气污染本身也加剧了气候变化。《柳叶刀》污染与健康委员会指出（Landrigan 等，2018），43% 的肺癌死亡是由各种形式的污染造成的。在所有肺癌死亡病例中，颗粒空气污染物导致的死亡人数高达 15%；1990—2015 年，颗粒污染物导致的死亡人数增加了 20%（Nathaniel et al.，2019）。多项综合性的队列研究阐述了空气污染物的主要成分与肺癌之间的关系，国际癌症研究机构也在 2013 年将空气污染物列为致癌物。空气污染物中包含的致癌成分有 NO_2、SO_2、O_3、PM_{10}、和 $PM_{2.5}$ 等。此外，被国际癌症研究机构列为确认致癌物的多环芳烃，会与 $PM_{2.5}$ 一起到达肺部更深处。

使用氯氟烃等物质会造成 O_3 损耗、臭氧层变薄，从而导致紫外线照射增加。已有大量文献报道了紫外线照射增加与鳞状细胞癌、基底细胞癌（现在更常被称为角化细胞癌）和黑色素瘤增加之间的联系。据估计

（Fitzmaurice et al.，2019），全世界有 7700 万角质细胞癌发病病例，其中 6.5 万例死亡，自 2007 年以来病例增加了 33%。这种增加与人口老龄化存在联系，但其本质是长期暴露于紫外线辐射。紫外线辐射通过直接诱导基因突变和间接引起免疫抑制来增加皮肤癌的发病风险。近几十年来，全球黑色素瘤的发病率也在稳步上升，2012 年有 23 万多起黑色素瘤病例和 5.5 万例死亡病例，其中 76% 的黑色素瘤新病例可归因于紫外线辐射。在控制了年龄、性别和社会经济变量的情况下，夏季暴露于环境紫外线辐射与黑色素瘤发病率增加有关（Pinault et al.，2017）。

气候变化正以多种方式影响粮食生产的质量和数量。气温升高、洪水、干旱、极端天气气候事件和海平面上升等都会对粮食种植和作物产量产生负面影响。气候变化增加了肝癌的确认致癌物黄曲霉毒素的产生（Battilani et al.，2016）。环境中高浓度的 CO_2 会降低粮食作物的营养含量，包括蛋白质和微量营养素的含量等。海洋温度上升和海洋酸化可能会降低渔业生产力，进而影响鱼类的消费量，从而导致对某些癌症具有保护作用的 Omega-3 脂肪酸的摄入量减少。

第一节 气候因子与非气候因子对不同人群心理健康的影响

近年来，越来越多的研究发现气候变化对人群心理健康存在一定的影响。在 2022 年发布的 IPCC 第六次评估报告中，首次添加评估精神心理健康和气候变化的关系的部分，报告中对气候变化影响心理健康的途径与方式进行了分类，气候变化对心理健康包括气候因子直接影响心理健康，如直接暴露在极端天气气候事件或长期高温下，造成心理健康受到威胁；也包括气候变化造成的非气候因子间接影响人群心理健康，如气候变化造成粮食减产人群营养不足或气候变化造成生存环境变迁人群流离失所造成的心理健康后果。

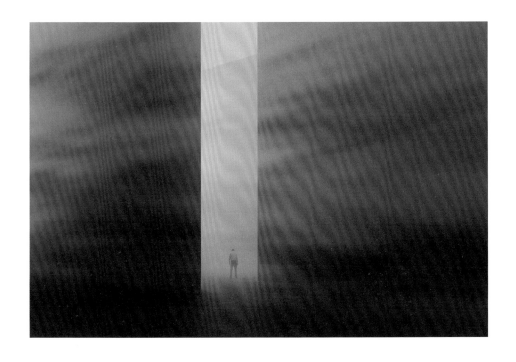

对于直接影响与间接影响，气候变化将产生何种影响取决于多种因素，如社会形态，经济与地理因素，人群个体差异，脆弱性与暴露度等。通常而言，极端天气气候事件的频率、强度与规模越高，造成的心理健康风险越大，高风险的情况下甚至会造成死亡。气候变化造成的高温与环境变迁也可能促进传染疾病的传播、极端高温也会造成心血管疾病的生理疾病风险增加，高温影响水资源也会影响从业生产力，这些因素都会影响到人群生活幸福感。总的来说，受到气候变化的直接、间接影响，气候变化可能会导致心理健康结果也是多种多样的，从比较轻微的影响日常生活幸福感受，到症状轻微的心理疾病，最终到需要住院治疗等，症状包括焦虑、抑郁、急性创伤压力、创伤后应激障碍、自杀、药物滥用和睡眠障碍等问题。

在下文中，我们会针对气候变化的直接、间接影响具体分析其影响机制。

第二节　气候变化影响人群心理健康的机制

对于气候变化的直接影响，又可以分为两类。第一类为气候变化造成气候环境因子长期变化，人群暴露在变化的气候因子中造成心理健康风险。第二类为台风、山火等极端事件的短时间暴露造成的心理健康风险。对于第一类，研究表明高温与心理健康下降之间存在明显的关联，降水增加可能会产生额外的影响。热相关的心理健康结果包括焦虑、抑郁和急性压力的自杀经历以及自我报告[①]的心理健康。气候变化通过炎热天气和空气污

---

① 指未经过诊断的自主汇报的心理问题。

染等途径，降低个体正常行为或社交模式的幸福感，极端高温还与人之间
或群体间的攻击以及暴力犯罪的增加有关。美国的大规模人群研究发现，
相对于 10 ～ 16℃，人们暴露于 21 ～ 27℃和 >32℃时幸福感会下降 1.6%
和 4.4%；在中国日均气温 ≥ 20℃时，人们情绪开始变差。另一项研究发现，
几十年来月平均气温升高 1℃与墨西哥自杀率上升 2.1% 和美国自杀率上升
0.7% 有关。对于第二类，研究发现，暴雨洪涝、野火和干旱等极端天气气
候事件还可影响受灾居民的精神心理健康，具体表现为创伤后应激障碍、

飓风摧毁的村庄

焦虑抑郁、睡眠障碍、药物滥用等。并且极端天气气候事件会对心理健康产生不利影响，并且与其他的非气候因素相互作用进一步增加心理健康风险。例如，美国最严重灾害之一的"卡特里娜"飓风造成灾区居民精神健康问题增加4%，20% ～ 30% 经历过自然灾害的人在事件发生后的几个月内患上抑郁症或创伤后应激障碍。而野火对心理健康产生的负面影响，更多是由于直接经历的流离失所和疏散造成的创伤。研究表明，野火和极端天气气候事件会导致亚临床结果，如焦虑、失眠或药物滥用的增加，对那些遭受更大损失或更直接接触该事件的人的影响更为明显。

对于气候变化的间接影响，多来源于气候变化导致人群生存环境的变迁，经济、社会和粮食系统的影响。气候变化对环境的影响，其影响机制包括由于风暴、海岸侵蚀、干旱或野火造成的破坏，导致人群无法进入蓝色和绿色空间，以及这些事件会对正常行为模式、居住地、职业或社会互动的干扰。气候对经济、社会和粮食系统的影响，包括成年人的粮食不安

蓝色空间指由河湖水系构成的空间。
绿色空间指绿地系统构成的空间。

全与儿童营养不良造成多种心理健康问题。干旱的经济影响与自杀率增加有关，尤其是在农民中；同时也有其他很多职业可能受到气候变化影响。对原住民的研究通常将粮食不安全或传统食品的获取减少描述为气候变化与心理健康下降之间的联系。即使没有受到气候变化的直接影响，人们对气候变化潜在风险的感知也会影响心理健康，而直接经历过极端天气气候事件的居民，尤其儿童和青少年更加敏感。

第八章

空气污染及其与气候变化的

交互作用对健康的影响

　　室外空气污染是当今世界面临的重要公共卫生问题之一，世界卫生组织估计，由空气污染导致的死亡和发病负担居于世界前列。全球疾病负担对 87 个国家和地区的 204 个风险因素进行了全面评估，结果表明空气污染是第四大危险因素（Murray et al.，2020）。每年因空气污染导致的早逝人口已超过 700 万，其中大部分是发展中国家的居民，造成约 1/4 的肺癌、心脏病发作和脑卒中负担，占世界卫生支出总额的 0.3%。近年来，煤、石油和天然气燃烧促进了温室气体的排放，导致气候变化加剧，相关极端天气气候事件频发。全球范围内相关预估研究指出（Chen et al.，2020），与气候变化有关的极端天气气候事件将加剧空气污染及其所致健康风险，其效应包括短期暴露相关的急性健康结局以及长期暴露所致的慢性健康风险，如妊娠期胎儿发育、呼吸系统疾病和心血管疾病等人体多个器官系统的影响。

第一节　气候变化对空气污染的影响

　　在世界范围内，由于化石燃料的大量生产和燃烧，每年约有数十亿吨 CO_2 和超过 1.2 亿吨的 CH_4 被排放到大气中，成为最主要的温室气体。燃烧产生的 CO_2 排放量也急剧上升，1950 年排放量仅仅为 50 亿吨，2020 年已达到 350 亿吨。化石燃料的燃烧加剧了空气污染，$PM_{2.5}$、SO_2、O_3 和氮氧化物等主要空气污染物以及多环芳烃等挥发性化学物质的水平明显升高。据世界卫生组织估计，全世界约有超过 10 亿儿童暴露在较高水平的空气污染中（Perera et al.，2022）。

　　能源生产、农业、运输、工业过程、废物管理和住宅供暖等人类活动会增加有害气体和颗粒污染物的排放，导致空气质量下降以及气候变化加剧。生产生活中重金属、微塑料、杀虫剂、除草剂、抗生素和柴油等产品的大量使用，会引起土壤 pH 值和含盐量的变化，进而破坏大气臭氧层，增强到达地球表面的紫外线辐射水平，引起全球气候变暖，增加 O_3 浓度，加剧空气污染（Zandalinas et al.，2021）。交通相关空气污染是由机动车使用产生的气体和颗粒物的复杂混合物（Boogaard et al.，2022）。机动车辆排放各种污染物，包括 NO_2、C、$PM_{2.5}$ 和超细颗粒物。这些污染物可直接通过尾气排放，也可以通过燃料蒸发排放、尘埃再悬浮、刹车和轮胎磨损、道路表面磨损等非尾气排放源产生。寒冷的气候会对车辆能耗和温室气体排放水平产生一定影响，进而损害人体健康（Wine et al.，2022）。其中，一些空气污染物在环境中持续时间较短，被称为短期气候污染物，主要包括黑碳、CH_4、氢氟碳化合物以及地面或对流层 O_3 等。与 CO_2 相比，短期气候污染物更容易造成气候变暖。相关研究也

关注了城市热岛效应引起的空气质量变化。热岛效应指的是同一时刻城市气温高于周边农村地区的现象（Masson et al.，2020）。热岛区域大气做上升运动，从而形成低压漩涡。热岛效应会造成工业活动或交通运输形成的硫氧化物、氮氧化物、碳氢化合物等污染物质在城市地区聚集，空气污染进一步加剧。CH_4 是地面 O_3 的前体物质之一。未来 20 年内，CH_4 所致气候变化的效力可能会达到 CO_2 的 80 倍。基于此，制定相关干预措施以减少短期气候污染物的排放可以在相对较短的时间内带来较大的气候效益，有效改善空气质量和健康状况，大大减缓气候变化相关健康与经济社会负担。

空气污染物和气候变化相互作用对人群健康造成严重危害。气候变化使野火加剧，从而释放大量颗粒物、多环芳烃和黑碳，进一步增加了化石燃料燃烧所导致的环境负荷（Mansoor et al.，2022）。空气污染物会增加肺部过敏原的吸收，促进气道炎症等的产生（Garcia et al.，2021）。相关研究表明，气溶胶的去除效率对降水频率的敏感性明显高于降水强度，即相同的降水量可能导致大气气溶胶的去除效率不同（Hou et al.，2018）。此外，摩洛哥的一项研究分析了热浪和 O_3 基于空气质量热指数和热指数的突发事件及其对人类健康的影响，发现该类突发事件的发生与城市区域和大规模的大气环流显著相关（Khomsi et al.，2022）。

除了常规污染物如 $PM_{2.5}$、O_3 等，气候变化也对极端污染事件的发生具有重要影响。极端空气污染指空气污染物的浓度超过给定的阈值（高浓度或高百分位数）。需要注意的是，在极端污染情况下，污染浓度峰值对气象条件的敏感性可能不同于中值或平均值的敏感性（Rogelj et al.，2018）。热浪、逆温和大气静稳等气象条件会加剧极端空气污染的形成以及重污染事件的发生，而气候变化也在其中发挥重要作用（Fiore et al.，

2015）。污染物排放量的暴发式增长是对极端天气的重要反应之一。例如，气候变化造成的极端炎热天气导致野火加剧（Pausas et al.，2021），因为高温会促进燃料燃烧，导致持久的干燥炎热天气，进而加剧了火灾的蔓延，使空气污染程度加重。现有研究已经提供了一定证据（Wang et al.，2022a），证明气候变化与极端臭氧污染、颗粒物污染之间存在联系，特别是与持久热浪显著关联。总体而言，由气候变化导致的气象条件的改变，将进一步促进极端空气污染事件的发生。综上，当前气候条件大大提升了人类同时暴露于气候危害和空气污染的可能性。上述气候变化、极端天气和空气污染暴露所造成的累积效应值得进一步研究。

第二节　空气污染与气候变化交互作用的健康危害

气候变化、极端天气气候事件以及由此造成的空气质量恶化和健康危害引起了全世界广泛关注。研究显示，气候变化影响气温和降水趋势，进而影响气候敏感性疾病的分布，并对环境和社会条件产生影响。某些疾病的发病风险与全球不同地区的气候条件存在显著相关性，尤其是心血管系统疾病、呼吸系统疾病和精神障碍等。此外，考虑到气候变化对空气质量的潜在影响及对健康造成的严重后果，量化气候变化下空气污染对健康的影响非常重要，有助于制定适当的政策和战略，识别敏感性疾病、保障人体健康并确定脆弱人群。迄今为止，大量研究估计了以气温为代表的气象因素对空气污染物相关死亡和发病风险的修饰作用。其中，O_3 作为一种受到气温强烈影响的光化学污染物受到了格外关注，其次是颗粒物以及氮氧化物。

气温对空气污染所致健康危害的修饰作用

气温等气象因素对空气污染所致人群健康危害的潜在影响已得到了较为广泛的关注。对于死亡风险来说，一项在欧洲开展的时间序列研究发现（Chen et al., 2018a），高温可显著增强日平均 $PM_{2.5}$ 和 PM_{10} 对自然和心血管总死亡率的影响以及 O_3 对总自然死亡率的影响；同时也发现，在大气污染水平较高时，气温对死亡率的影响更大。在中国 128 个区县进行的一项时间序列分析发现（Shi et al., 2020），高温显著提高了 O_3 对非意外死亡、心血管疾病和呼吸系统疾病死亡率的影响。同时还发现，与年轻人相比，高温对 65 岁及以上的老年人的非意外死亡和心血管疾病死亡率影响更大。美国一项时间序列研究发现，气温改变了 $PM_{2.5}$ 暴露与心血管疾病发病率之间的关系，$PM_{2.5}$ 暴露对低温天气心血管系统疾病发病的影响更大（Hsu et al., 2017）。另一项基于意大利 9 个城市的研究表明（Stafoggia et al., 2008），季节和气温显著改变了 PM_{10} 暴露与死亡率的关联。还有一项针对韩国 7 个城市居民的研究（Kim et al., 2015）分析了不同气温下 PM_{10} 水平与死亡风险之间的关联，发现气温改变了颗粒物污染对死亡风险的影响，温度较高时 PM_{10} 的短期暴露显著增加居民的每日死亡风险（表 8-1）。

气温与空气污染的交互作用对于发病风险的影响同样值得关注。韩国的一项研究使用时间分层病例交叉设计分析了空气污染物短期暴露对韩国首尔偏头痛风险的影响，还进一步评估了气温的潜在效应修饰（Lee et al., 2018）。该研究发现短期暴露于环境空气污染与偏头痛风险增加有关，这种关联在高温日尤为明显。在北京地区一项以过敏性鼻炎门诊患者为研究对象的研究（Wu et al., 2022b）发现，空气污染与过敏性鼻炎门诊患者风险增加有关，在低温和高相对湿度下，空气污染对过敏性鼻炎的

表 8-1 气温对空气污染所致人群健康危害的修饰作用研究

研究地点	污染物	目标疾病	结局指标	文献
欧洲	$PM_{2.5}$、PM_{10}	非意外死亡、循环系统疾病	死亡率	Chen et al., 2018a
中国	O_3	非意外死亡、循环和呼吸系统疾病	死亡率	Shi et al., 2020
美国	$PM_{2.5}$	循环系统疾病	发病率	Hsu et al., 2017
意大利	PM_{10}	非意外死亡、循环和呼吸系统疾病	死亡率	Stafoggia et al., 2008
韩国	PM_{10}	非意外死亡、循环和呼吸系统疾病	死亡率	Kim et al., 2015
韩国	$PM_{2.5}$、PM_{10}、NO_2、SO_2、O_3	偏头痛	就诊率	Lee et al., 2018
中国北京	$PM_{2.5}$、PM_{10}	过敏性鼻炎	门诊量	Wu et al., 2022b
中国浙江宁波	O_3、$PM_{2.5}$、PM_{10}、NO_2	流行性感冒	发病率	Zhang et al., 2021
中国	$PM_{2.5}$	流行性感冒	发病率	Chen et al., 2017a
中国北京	$PM_{2.5}$、PM_{10}、CO、NO_2	干眼病、结膜炎	就诊量	Wang et al., 2022b
中国四川成都	$PM_{2.5}$、PM_{10}、SO_2	慢性阻塞性肺疾病	住院风险	Qiu et al., 2018
中国安徽合肥	NO_2	慢性肾病	就诊量	Wu et al., 2022a
美国新英格兰	$PM_{2.5}$	呼吸系统、循环系统疾病和缺血性脑卒中	入院风险	Yitshak-Sade et al., 2018
中国广东深圳	氮氧化物	心血管疾病	死亡率	Gao et al., 2022

影响增强。对宁波市普通人群的一项研究（Zhang et al., 2021）发现气温可以改变空气污染对流感发病率的影响，高温会加剧空气污染物（O_3、$PM_{2.5}$、PM_{10} 和 NO_2）的影响。此外，我国一项以流感病例为对象的研究表明，环境 $PM_{2.5}$ 浓度的增加与滞后第 2 天和第 3 天的流感病例显著关联（Chen et al., 2017a）。同时，$PM_{2.5}$ 与气温之间存在负交互作用，气

温较低时，PM$_{2.5}$ 和流感之间的关联更为强烈。北京的一项基于综合医院急诊病例的时间序列研究表明短期暴露于 PM$_{2.5}$、PM$_{10}$、CO 和 NO$_2$ 与干眼病和结膜炎的就诊次数增加相关，在高温时具有更显著的统计学效应（Wang et al.，2022b）。成都的一项基于 124 家医院的研究发现低温显著增强了环境空气污染物（PM$_{2.5}$、PM$_{10}$ 和 SO$_2$）对慢性阻塞性肺病住院风险的影响，导致疾病负担增加（Qiu et al.，2018）。80 岁以上的老年男性更易受到这种相互作用的影响。一项在合肥开展的研究（Wu et al.，2022a）关注了空气污染和日平均气温与慢性肾脏病相关医院就诊量的相关性，发现 NO$_2$ 暴露和低温与慢性肾脏病相关的医院就诊风险增加相关。

具体来说，低温条件下 NO_2 与慢性肾脏病相关医院就诊风险之间的关系更为强烈。

研究表明，气温与空气污染的交互作用同样影响了亚临床生物指标的改变。一项美国老龄队列研究显示，在温暖季节时，环境气温与老年男性人群的心率变异性降低有关，而环境 O_3 则显著改变了这种关联（Ren et al., 2008）。新英格兰一项研究分析了长期、短期暴露于空气污染物与气温之间的交互作用，结果表明呼吸系统、循环系统和缺血性脑卒中疾病入院风险的增加与 $PM_{2.5}$ 长期和短期暴露有关（Yitshak-Sade et al., 2018）。其中，$PM_{2.5}$ 的短期暴露对呼吸系统的影响在较高温时更显著，而对心脏系统的影响在低温时更明显，且颗粒污染物的短期暴露在气温变化较大的月份具有更显著的统计学效应。结果还表明，$PM_{2.5}$ 的短期和长期暴露显著增加缺血性中风的入院风险，但高低温及气温变化程度变动并未改变这种关联。

除全人群外，不同生命阶段的脆弱人群也得到了研究者的关注。我国深圳的一项研究评估了氮氧化物与气温的相互作用对不同性别和年龄组的心血管疾病死亡率的影响，发现气温改变了氮氧化物暴露对心血管死亡率的影响，且低温显著增强这种不利影响（Gao et al., 2022）。较低气温时，$PM_{2.5}$ 的致死风险更显著，且 $PM_{2.5}$ 与低温之间的相互作用在老年人中更为明显。

热浪对空气污染所致健康危害的修饰作用

在全球气候变化背景下，热浪的频率和持续时间均呈上升趋势，其健康危害也引发了研究者的关注。美国一项对热浪、空气污染和绿地相关早产风险的研究发现热浪和空气污染水平之间存在正的相加交互作用（Sun et al.，2020）。热浪和绿地的综合效应表明，对于强度较小的热浪（即持续时间较短或气温相对较低），存在负交互作用，而对于强度较大的热浪，则存在潜在的正交互作用。一项欧洲的研究发现，高温和臭氧水平与$PM_{2.5}$暴露之间存在显著的交互作用，其中，高臭氧水平下，气温与非意外死亡风险的关联更强（Analitis et al.，2018）。而PM_{10}水平较高时，气温与心血管系统疾病死亡风险的关联更强。对于我国来说，热浪可以显著增强颗粒物对循环系统疾病死亡风险的影响（Ji et al.，2020）。我国的一项研究利用广州出生登记数据评估了妊娠最后一周暴露于热浪和$PM_{2.5}$对早产的独立作用和交互影响（Wang et al.，2020a）。该研究强调在妊娠最后一周暴露于热浪可以引发早产的不良结局。同时发现中度热浪也可能与$PM_{2.5}$暴露产生协同作用，从而增加早产风险。

空气污染对气象因素所致健康危害的修饰作用

一项基于2006—2010年意大利25个城市普通人群的研究联合调查了空气污染和空气气温的短期健康影响，发现夏季高温显著影响每日死亡率，当PM_{10}和O_3浓度较高时，与高温相关的死亡风险最大（Scortichini et al.，2018）。广州开展的一项研究指出，当PM_{10}浓度较高时，低温和高温的影响更为严重（Li et al.，2015a）。合肥一项研究调查了颗粒物是否改变了短期气温暴露与儿童哮喘住院之间的关系，发现随着$PM_{2.5}$和PM_{10}水平的增加，与气温相关的儿童哮喘住院风险和归因分数都显著增加（Jin et al.，2022）。

第三节　气候变化背景下预测空气污染对人群健康危害

气候变化对公共卫生具有深远影响，环境气温上升和更频繁的极端天气气候事件的发生是气候变化主要的直接影响因素。在非最适宜气温下，人群发病率和死亡率都会增加（Ye et al.，2012）。通常来说，研究者感兴趣的气温暴露是极热或长时间的极热（即热浪），以及极端寒冷（即寒潮）天气事件。此外，气候变化也通过各种机制进一步引起空气质量恶化，包括高温、降水和风速等气象因素的不利变化。鉴于空气污染和非最适宜气温所导致的重大疾病和死亡负担，预测其健康影响对于减少气候变化所致未来潜在的公共卫生问题至关重要，将为国家制定相关策略提供理论依据。

在气候变化的同时，世界人口也在呈老龄化趋势。预计到 2050 年，世界 65 岁及以上人口的比例将进一步上升到 16%（Bongaarts，2006）。老年人群的生理代谢水平不断降低，身体健康状况逐年退化，因而气候变化和大气污染往往给老年人群带来更为严重的健康影响，使得年龄成为环境暴露影响的重要修饰因素之一。基于此，逐渐有研究者在关注气候变化的背景下，对环境气温和空气污染相关的未来死亡负担作出预测。此类研究需同时考虑以下 4 个因素：①基于特定未来气候情景下的模拟暴露水平（即气温、空气污染物）；②暴露于空气污染物与气候变化下的人口规模；③纳入研究人群的基线死亡率；④既往流行病学研究对气象因素或空气污染暴露与相关健康结局之间关系的效应估计值（Chen et al.，2020）。

由于环境气温和空气污染对死亡率的影响会随年龄改变，为了最大限度地提高预测的有效性和适用性，需纳入对年龄的考量。首先，对高危人口未来规模的预测应针对具体年龄，同时考虑到人口年龄结构的变化。其次，应采用特定年龄的暴露－反应关系参数。第三，健康风险的分析不应局限于老年人，而应在整个年龄范围内使用特定年龄暴露－反应关系进行分层分析，这对整体人口的死亡率负担预测尤为重要。

由于气候变化对人类健康的不利影响，在不同代表性浓度路径（RCP，Representative Concentration Pathway）下对气温相关未来死亡率的预测也已成为一个重要的研究领域。因此，未来气候变化条件下空气污染对气象因素相关健康风险的影响也值得关注。韩国一项研究分析了在不同 PM_{10} 浓度下，未来与气温相关的死亡率如何变化，结果表明，当 PM_{10} 浓度高于 65 微克／米^3 时，由于污染物对气温的修饰作用，气温变化所致人群死亡风险更大（Jung et al., 2020）。上述结果表明在气温升高的健康风险预警以及健康策略中，应同时考虑空气污染物的潜在危害。墨西哥的一项研究评估了空气污染对居民健康的短期影响，同时考虑了气候变化导致的不同情景模式（日平均气温增加5%～25%），结果显示只有25%（5℃）的增加与空气污染物浓度和死亡风险的关系显著相关（Bretón et al., 2020）。对于60岁以上老年人，气温上升5%时，PM_{10}、SO_2、O_3 以及 CO 暴露与死亡风险的关联更强。该研究结果提示，60岁以上老年人的健康状况不仅与大气污染密切相关，并且还与气候变化明显关联，故日平均气温的上升可能导致更多的死亡人数。因此，制定针对气温波动以及空气污染危害的健康防控措施时，应积极考虑老年人等脆弱人群的独特性，进一步保障实施气候变化保护战略对人口健康产生的积极影响。

由于既往单一建模仅考虑气候变化或空气净化措施的独立影响，忽略相互作用及多学科交叉的集成技术，故亟须构建综合评价方法，综合建模策略成为热门发展领域。一项印度的项目研究详细描述了当地空气质量现状，并进行跨学科分析，综合气候、能源、空气污染构架健康模型，以

估计未来空气污染情景，有效应对气候变化（Limaye et al.，2023）。有
研究利用健康监测数据针对中等收入和低收入国家进行综合建模预估，并
纳入了共享社会经济发展路径下的人口和社会经济条件（Ingole et al.，
2022）。我国的一项研究构建了综合评估模型和动态排放预测模型以预
估未来空气质量变化及 $PM_{2.5}$ 相关死亡人数，量化了不同气候、能源及空
气清洁政策带来的综合健康效益，并预测了在人口老龄化的大背景下，
即使空气质量略有改善，空气污染仍会加重（Liu et al.，2022a）。考虑

到大气污染防治的严峻形势，中国政府相继出台了一系列减污降碳、节能减排的相关政策。通过对空气质量改善和气候变化减缓的途径进行的双向交互评估，为 2060 年前实现碳中和目标提供有力支撑（Liu et al.，2022b）。

　　鉴于空气污染、气象条件等均可作为全球范围内人群死亡和疾病发病风险的重要风险因素，气候变化对空气质量相关健康危害的影响以及未来情境下风险的预测预警仍是值得关注的重要研究领域。未来研究的一个重要方向是分析气候对空气污染的潜在交互作用以及除气温外其他的风险因素，如极端气温、与洪水相关的基础设施破坏、野火等。由于多种同时发生的气候相关因素的级联效应与可能存在的非线性交互作用，其造成的复杂健康效应也是未来亟须解决的重要课题之一（Kinney，2018）。不同地区不同人群的暴露 – 反应关系存在特异性，故未来研究还需综合考虑不同地区、不同健康结局及不同气候变化导致的环境污染，开展多维度分析和场景模拟（Petkova et al.，2015）。同时，基于上述问题进一步衍生新模型与新方法的开发、多学科交叉技术的融合、因果机制与证据的量化、包含多个气候相关指标和健康结局的预测研究，以及考虑时空尺度和人群敏感性防控策略的提出也是未来所需面临的挑战。

第九章

敏感人群的气候变化健康风险

第一节　妇女、儿童及老人的气候变化健康风险

　　气候变化及其继发效应可通过多种途径对人群健康产生不利影响
（Romanello et al., 2022; Campbell-Lendrum et al., 2023; 毕鹏 等,
2020）。首先，气候变化使高温热浪、干旱和洪水等极端天气气候事件的
发生频率和强度增加，直接对人群生命健康造成危害。其次，气候变化还
可通过与环境因素、生态系统的交互作用对人群健康造成影响。气候因素
可加剧大气污染和臭氧层破坏，使人群呼吸系统疾病、皮肤疾病和过敏性
疾病的发病率增加。通过影响气候变化敏感性传染病病原体的存活、变异
和孳生分布范围，气候变化可使传染病的传播特征和流行强度发生改变，
这些均会导致暴露人群及其患病风险增加。此外，全球变暖引起的两极冰
雪融化和海平面升高，使低海拔沿海地区人群的生活和健康均面临威胁。
同时，气候变化还可通过改变农作物产量而影响食品安全，进而造成营养
不良在人群中的发生与流行。相较成年人，妇女和儿童由于多种生物和行
为因素的特殊性，更易受到气候变化的系列不利影响。

儿童的气候变化健康风险

　　气候变化是婴儿和儿童的"威胁倍增器"。气候变化对健康具有世界
性的影响，联合国儿童基金会报告显示：全世界几乎每个儿童都至少面临
一种气候灾害的风险，包括高温、洪水、台风和空气污染。其中，9.2亿
儿童面临严重缺水、8.2亿儿童面临高温天气、6亿儿童面临疟疾和登革热
等传染病、5.7亿儿童面临沿海海啸和河流洪水威胁、10亿儿童暴露在极
高水平的空气污染中。2000年，全球因气候变化引起的死亡人数超过15万，

造成的疾病负担达 550 万伤残调整寿命年，而其中 88% 的疾病负担都是由低于 5 岁儿童健康危害造成的（Patz et al., 2014）。儿童特别容易受到气候变化相关的环境影响，主要表现在生理、代谢、行为、精神心理、时间和发育状态等多个方面（Xue et al., 2021；Li et al., 2022）。首先，儿童的各个功能器官和免疫系统尚未发育完善，对有毒有害化学物质的分解能力较弱，使得其环境适应、抵抗和耐受能力均较差。第二，儿童的化学物质解毒、修复 DNA 损伤和提供免疫保护的生物防御机制尚不成熟，因此增加了他们面对侵害时的脆弱性。第三，儿童呼吸频率相较于成人更高，增加了他们暴露在空气污染物中的风险，狭窄的气道也更容易受到空气污染和过敏原的影响。第四，儿童基础代谢速率较成人更高，因此单位

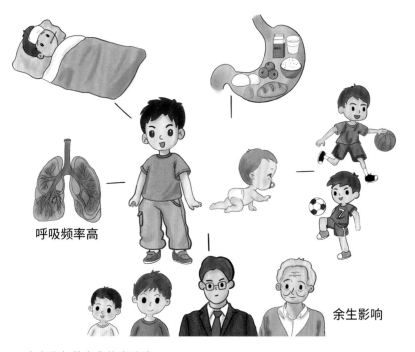

儿童的气候变化健康风险

体重需要更多的水和食物量，更容易受到食物和水供应中断的影响。第五，儿童也比成年人花更多的时间在户外进行体育活动，并且活动范围较广、自我防护意识薄弱，特别容易因天气灾害影响而流离失所；由于被迫离开家园，独立生存技能较差、他们容易受到身体伤害和心理创伤。最后，儿童还有很长的余生，遗传和长期效应的潜伏期较长，哮喘或精神健康状况等早期疾病可能会持续，影响成年后的健康和功能。

极端高温

随着气候变化，尤其是全球变暖，高温热浪的发生频率和强度将会增加，进而引起热相关疾病和死亡的发生与流行不断增加（Bernstein et al., 2022；Chen et al., 2022）。与成年人相比，儿童具有较大的单位体重暴露面积、较弱的排汗能力及较小的心脏每搏输出量，对热适应能力更弱，因此更易受到高温热浪不利影响。2006 年发生在美国加利福尼亚的热浪，导致 0～4 岁儿童急诊病例多达 49800 人，同时因电解质失衡和热相关疾病就诊的儿童病例相较非热浪时期也有明显增加（Vergunst et al., 2022）。另外，由于儿童体温调节能力较差，暴露于极端高温天气还会使儿童出汗增加、尿量减少，引起脱水，最终导致儿童患肾相关疾病的风险增加。在美国，与热有关的疾病是学生运动员死亡和患病的主要原因。研究表明，与气候变化相关的高温对儿童和青少年的心理健康有不利影响，包括增加与心理健康相关的急诊就诊；这种极端高温也会影响孩子的学习能力。在美国一项针对 380 万儿童和青少年急诊就诊的研究中，极端高温与全因急诊就诊的相对风险值为 1.17。其中，脱水、电解质紊乱、细菌性肠炎、中耳炎和外耳炎的就诊相关性最强（Clemens et al., 2022）。

自然灾害事件

气候变化加剧了严重的洪水和台风等自然灾害事件，导致儿童溺水、

身体受伤，以及造成创伤压力。中低
收入国家的自然灾害事件风险最大。
自然灾害事件对儿童的直接影响是导
致发生儿童伤害。研究表明，溺水是
造成东南亚儿童伤害死亡的主要原因，
尤其是 5 ~ 14 岁男童群体。洪水及伴
随发生的暴风雨还可通过多种途径对

儿童溺水

儿童健康产生间接影响（高景宏 等，2017）。与气候有关的自然灾害事
件已经导致全球 5000 多万儿童被迫离开家园。尤其是在海拔较低的岛国
或沿海地区、低收入家庭的儿童更易受到这些事件的严重伤害。影响可能
包括教育中断和心理健康问题，如创伤后应激障碍和抑郁症等（Geer et
al., 2012; Weichenthal et al., 2014）。

过敏性疾病

气候变化直接或间接影响儿童过敏性疾病的发生和发展。高温、低
温和温差都会对儿童过敏性疾病造成影响。高温会引起反射性支气管收
缩，影响呼吸系统。而低温通过降低肺功能和肺活量显著抑制人体免疫
系统（Lavoy et al., 2011），有利于
呼吸道病毒的存活和运输，增加呼吸
道炎症，导致呼吸道狭窄等来影响哮
喘的发生和恶化（Kaminsky et al.,
2000）。温度变化主要通过炎症介
质释放和影响体液或细胞免疫对儿童
哮喘产生影响（Han et al., 2023;
Graudenz et al., 2006）。突然的温度

儿童哮喘

变化会引起过敏性鼻炎患者更严重的炎性反应。由于气温升高和 CO_2 含量升高，空气中的花粉含量增加，导致儿童过敏和哮喘的发作也越来越多。气候变化会影响环境中过敏原的浓度与分布。气温升高、强降水和环境湿度增加使空气中霉菌、真菌孢子生长繁殖加速、浓度增加。2005 年，在飓风"卡特里娜"和"丽塔"期间，新奥尔良地区因暴雨和洪水导致的过度潮湿，导致房屋内霉菌的扩散，无论孩子先前是否对霉菌过敏，都引发了哮喘发作。据估计，全球哮喘的发病率在过去 15 年已增加了近 1 倍，增幅最大的人群主要是儿童，同时哮喘也是导致儿童因病缺课和住院治疗的主要原因。

食品和水供应减少

在全球气候变化背景下，粮食供应可能会随着陆地和海洋食物生产模式的改变以及生物多样性的减少而变得紧张。对儿童来说，主要农作物全球产量的下降，增加了儿童罹患营养不良的风险。婴儿期的营养不良将影响其生长的每一个阶段：阻碍儿童成长、削弱免疫系统、引发长期的发育问题。例如，干旱和洪水等在部分地区的发生频率和强度增加，会减少或破坏大量农田，降低农作物的产量；海平面逐年上升淹没低海拔地区，会减少可耕地面积。气候变化也可能为一些病虫害的发生和杂草的生长提供有利条件，影响农作物的生长和产量；而全球人口的急剧增长，对食物、淡水和能源将有着更大的需求与消耗，使全球面临着食品短缺，饥饿和营养不良的严重威胁。儿童正处于生长发育阶段，对饥饿更加敏感，因此营养不良更易对儿童群体的健康造成损害，降低其对疾病的抵抗和耐受能力，增加感染传染病的风险。研究显示，与气候变化相关的干旱条件与儿童的消瘦和体重不足显著相关（Lieber et al.，2022）。尤其在一些发展中国家，由此产生的粮食不安全导致营养不良急剧增加，导致儿童身心发育迟缓，并伴有相关的行为和认知问题。除了气候相关干旱对粮食供应本身的环境影响外，CO_2 浓度的增加与主要谷物作物营养质量的降低有关（Haines et al.，2019；Akil et al.，

2014）。儿童，尤其是婴儿，特别容易受到由食物和水中沙门氏菌等细菌病原体引起的胃肠道感染，而且这些感染在促进细菌复制的较高环境温度下更为频繁。由于风暴和洪水对农作物和水的污染，儿童比成年人更容易感染霍乱和其他传染性腹泻病（Xu et al.，2012）。

传染病

气温上升和降水模式的改变将导致感染性疾病的增加，而儿童是主要易感人群。在某些地区，由于传播季节持续时间的变化和病媒的地理传播，气候变化与几种病媒传播疾病的风险增加有关，包括疟疾、登革热、寨卡病毒感染和莱姆病等（Rocklöv et al.，2020）。由于气温升高，携带疟疾的按蚊和携带登革热的伊蚊分布范围有所扩大。在美国佛罗里达州、夏威夷州和得克萨斯州都出现过登革热的小规模局部暴发。伊蚊也是寨卡病毒的主要携带者。美国莱姆病的发病率也显著增加，其中儿童发病率最高。气温升高、降水变化以及海平面上升等，都将在时间（传播季节）和空间（海拔和纬度）上影响传播媒介和它们所传播的病原体的数量和分布。短短 30 年间，世界范围内弧菌的主要感染天数已经翻了一番，而弧菌会引发儿童腹泻，这不仅增加了高危地区儿童感染霍乱等疾病的可能性，也扩大了疾病的传播范围。

儿童腹泻

气候变化与空气污染的交互作用

环境和流行病学证据表明，空气污染物和气候变化的相互作用会影响儿童健康。由于气温、降水频率的变化以及气候变化导致的空气静稳，一些

地区的 $PM_{2.5}$ 浓度有所增加。由于气候变化，野火变得更加频繁和严重，释放出大量的颗粒物、多环芳烃和黑炭，从而增加了化石燃料燃烧的环境负荷。此外，空气污染物会增加肺部对过敏原的吸收，并促进气道的致敏。有证据表明，热和空气污染对儿童哮喘住院发病率有

儿童成长期情绪障碍

协同作用。估计有 8.5 亿儿童，即全世界 1/3 的儿童，生活在至少 4 种气候和环境冲击重叠的地区，包括严重干旱、洪水、空气污染和缺水。因此，特别令人关注的是当儿童同时暴露于空气污染、极端温度、粮食不安全和气候变化带来的社会压力时，可能产生累积效应。童年时期的不良经历，如灾难和流离失所，不仅会增加精神障碍的短期风险，而且会在成年后长期易患焦虑、抑郁和情绪障碍。在一项针对 10 个国家的调查中，近 60% 的年轻人对气候变化感到非常担忧或极度担忧；超过 45% 的人表示，他们对气候变化的感受对他们的日常生活产生了负面影响（McLaughlin et al., 2012; Hickman et al., 2021）。

孕妇的气候变化健康风险

气候变化对妇女的健康风险更多体现在孕妇这一特殊群体。孕妇和成长中的胎儿共同经历了一段非常时期（Troiano, 2018; Soma-Pillay et al., 2016）。在这一敏感时期，任何环境干扰都可能对母亲和胎儿产生直接且终身的后果。然而，关于气候变化对妊娠结局的健康影响的研究非常有限（Rocque et al., 2021），这导致了缺乏关于如何适应并减轻孕妇气候影响的指南。事实上，孕妇是气候变化的高风险人群。

极端高温

　　孕妇作为特殊群体最易受热应激影响，研究表明高温暴露与妊娠结局之间存在关联，怀孕期间暴露于高温会增加不良妊娠结局，尤其是早产和死产（Chersich et al.，2020）。在热浪时期，早产概率比非热浪时期高出 16%。尤其是在低收入和中等收入国家的孕妇受高温热浪影响风险最大。分娩前一周，尤其是在 5—9 月，温度每升高 1℃ 死

孕妇早产

产风险都相应增加。高温下孕妇出现先兆子痫、高血压等健康问题的概率增大。婴儿在子宫中的最后几周里，其大脑成熟和生理的成长均会加速。早产婴儿更容易有气喘、发育迟缓的风险，并且在高温下出生的婴儿有很大概率需要入院治疗一段时间。针对动物的研究显示，高温气压可能会让怀孕动物体内的后叶催产素增加。还有研究发现极度炎热天气可能会诱导心血管应激，造成孕妇早产。一般来说，急性和慢性接触热似乎都会对妊娠健康产生影响，但尚未明确母亲敏感的关键时期。急性暴露通常评估为事件发生前一周的每日气温（即早产、死产），慢性窗口通常评估为特定妊娠期和 / 或整个妊娠期的平均气温。对热影响的脆弱性较高的亚群体尚不清楚，但可能包括极端生育年龄、社会经济地位较低、受教育程度较低或来自少数民族的人群。另一方面，新的证据表明，绿地有助于减轻极端温度对妊娠结局的影响。

传染病

　　气温升高和极端天气气候事件，导致更多的机会广泛传播和接触常见

的水传播病原体，如蓝藻、肠道细菌、寄生虫和弧菌（Trtanj et al., 2016）。孕妇可以通过饮水、娱乐和摄入贝类接触这些病原体。已知水传播感染会导致许多妊娠和胎儿并发症，包括母体胆道蛔虫病、妊娠期败血症、自然流产、早产、宫内生长受限和出生缺陷。气候变化还会增加寨卡病毒等病媒传播，在孕妇中，寨卡病毒可导致小头症等严重先天缺陷。疟疾感染也会导致妊娠期严重的疟疾性贫血，并增加宫内生长受限、早产和低出生体重的风险（Piola et al., 2010）。气温上升延长了传播疾病的蚊子活跃的季节，潮湿的环境促使蚊子繁殖，登革热的传播也将增加。母亲登革热感染能够垂直传播给胎儿，导致胎儿或围产期死亡。众所周知，这种感染还会增加产妇死亡率、先兆子痫、子痫、早产、低出生体重和剖腹产的风险。

病毒导致胎儿染色体异常

极端天气气候事件

洪水是全球最常见的自然灾害。它们可能通过破坏基础设施、限制安全食品和水的获取、促进水传播病原体和某些媒介的传播，以及为重金属和有毒农药化合物等有害化学品的传播创造机会，从而影

孕妇健康受影响

响孕妇健康（Didone et al.，2021）。洪水对健康的影响通常与台风一起评估，因为它们通常同时发生。因此，很难评估它们对不良妊娠结局的独立影响。然而，有证据表明，它们对围产期的影响从孕期获得优质饮食的机会减少到产妇压力、妊娠并发症，甚至孕产妇和围产期死亡率（Vineetha et al.，2020；Erickson et al.，2019）。

在全球范围内，与男性相比，女性在危机期间和危机后承担的家庭责任更大。加上金融和经济不稳定方面的性别差异，使妇女特别容易受到气候变化的社会影响。据估计，妇女占流离失所人口的75%以上。由于食物、水和住所成为生存的优先事项，孕妇不太可能寻求产前护理。此外，涉及妊娠并发症（如妊娠期糖尿病、先兆子痫）的高危妊娠可能无法得到诊断，从而导致不良的围产期结局。

综上，未来需要针对孕妇和儿童，特别是社会经济地位较低的群体中的孕妇和儿童制定与气候变化相关的疾病有效干预措施。鉴于气候变化不断加剧的影响以及带来的个人和社会的疾病负担，提出行之有效的政策举措是非常有必要的。此外，目前这一领域尚缺乏系统的定量化研究。因此，探索气候变化与妇女、儿童健康相关关系和可能作用机制，确定易受影响人群和接触窗口，探讨多重接触的相互影响，并开发新的方法来更好地量化气候变化对妇女和儿童健康的影响，据此提出和评估气候变化适应性应对策略，对进一步提高人民健康水平、促进社会经济发展具有重要意义。

老人的气候变化健康风险

国家卫生健康委提供的数据显示，2021年我国65岁及以上老年人占总人口的14.2%，该占比预计将在2050年增长到26.1%，超过大多数发达国家当前的比例，老龄化趋势严峻。全球面临的气候变化健康威胁正与日俱增，我国也不例外。老年人由于身体、认知等各方面能力的退化，加之缺乏社会和经济资源，比其他人群更容易受到气候变化相关健康风险的威胁。《中国版柳叶刀倒计时人群健康与气候变化报告 2022》指出，2021 年，我国 76.0% 的热浪相关死亡发生在 65 岁及以上的老年人群。由于老年人口增长较快，与历史基线（1986—2005 年）相比，2017—2021 年老年人对野火的总暴露量增幅（142.3%）远高于全人群（60.0%），极端降水的总暴露量增幅（263.6%）也大于全年龄组（53.8%），在干旱方面的暴露量降幅（54.6%）则小于所有年龄组（73.2%）。此外，室内空气污染造成的死亡率在老年人群中比全年龄组高 4.7 倍。所以随着中国老龄化进程的加速，气候变化对这一人群造成的疾病负担也会迅速增加。

老年人更容易受到气候变化对健康的影响（Watts et al., 2015），原因主要有几点。首先，随着年龄的增长，老年人的身体越来越难代偿某些环境危害的影响。老年人的健康状况使他们对气候危害更敏感，例如，高温和空气污染等，都可能加重他们现有的疾病。衰老和部分药物的摄入会改变身体对热量的反应能力，随着气候变暖，老年人更容易患热病和死亡。其次，随着年纪增长身体会出现一些变化，如肌肉和骨骼损失，一定程度影响了活动能力。而且老年人的残疾比例也远高于年轻人，这都会导致他们更加依赖他人提供医疗护理和日常生活帮助，从而增加了在极端天气气候事件中的脆弱性。此外，许多老年人的免疫系统受损，抵抗力相对较弱，使他们更容易患上与虫媒和水有关的疾病，这些疾病的发生频率可能会随着气候变化而增加。

老人易患虫媒疾病

极端高温

当一个人暴露在高温下，身体无法冷却时，就可能发生热病。气候变化会增加极端高温事件的发生频率，并导致全年气温升高，这可能导致包括老年人在内的弱势群体罹患更多的热病，尤其是患有充血性心力衰竭、糖尿病、肺病和存在其他慢性健康状况的老年人（Kenny et al.，2010）。这是因为炎热条件下，老年群体身体核心温度的调节会受到生理损害。有研究结果显示（Yazdanyar et al., 2009），气温升高与患有心脏和肺部疾病的老年人入院人数增加有关。此外，由于人行道等表面吸收阳光并散发热量，使城市比偏远地区更热，所以居住在城市的老年人受到城市热岛效应的影响也更大。

气候变化与空气污染的交互作用

气候变化可能会增加室外空气污染物浓度，如地面 O_3 和野火烟雾中的颗粒物，以及干旱造成的灰尘。而空气污染又会增加老年人心脏病发作的风险，尤其是患有糖尿病或肥胖的人群，它会加重哮喘和慢性阻塞性肺炎等。此外，早春变暖、降水量变化、气温和 CO_2 碳浓度上升都可能增加花粉季节的时长和严重程度，间接增加了与花粉过敏有关的哮喘等疾病的发生率。

老人呼吸系统敏感

极端天气气候事件

气候变化会以多种方式影响水资源。例如，水和气温变暖、降水强度增加、洪灾频发、海平面上升等，都可能将携带疾病的生物引入饮用水供应和娱乐用水系统。许多老年人的免疫系统功能下降，所以他们通过饮用未经处理受污染的水而感染胃肠道或其他疾病的风险更高。而且与其他人群相比，患这类疾病往往会给老年人带来更为严重的后果。气候变化还可能增加由某些类型的藻类或细菌引起的有害藻华的可能性。如果在有害藻华水域游泳会导致呼吸道疾病，并刺激眼睛，尤其是患有慢性呼吸道疾病、哮喘的人群患病风险更高。

极端天气气候事件中老人更易产生不良情绪

还有部分老年人居住在较为陈旧或通风不良的建筑物中，他们更容易接触包括洪水和风暴潮等极端天气气候事件造成的损害所产生的细菌和霉菌，从而损害身体健康，引发呼吸系统疾病（EPA，2021）。此外，气候变化不仅损害身体健康，对心理健康也有间接的影响。台风、洪水和野火等极端天气气候事件会造成情感创伤，而老年人在这种极端环境下更容易产生抑郁和焦虑情绪（张成，2021）。患有痴呆等认知障碍的老年人可能更难应对这类极端事件。

气候敏感性传染病

老年人群抵抗力相对较低，且很大比例患有慢性病，所以各类传染病容易入侵。有研究显示，气候变化与气候敏感性传染病的流行密切相关。气候变化和气温升高会导致蜱虫和蚊子的活动范围扩大，活动时间更长。这意味着被携带疾病的蜱虫和蚊子叮咬的风险增加。例如莱姆病，就是由蜱虫传播，常在老年人中出现，其中55～69岁是美国莱姆病确诊和疑似病例最多的年龄段（CDC，2021）。由蚊子传播的西尼罗河和圣路易斯脑炎病毒，则会对免疫系统脆弱的老年人构成更大的健康风险。

综上所述，老年人也是气候变化的敏感人群，相比其他人群面临着更高的健康风险。将气候变化纳入老年健康服务体系建设，为老年人提供有针对性的气象和预警信息服务，发布针对老年人的高温条件下的安全户外运动指南或标准，指导老年人更加科学地参加晨练等户外运动都是推进老年人气候变化健康适应行动的重要举措，可以有效增强老年人群对气候变化的适应性，积极应对健康老龄化的重要挑战。

第二节　职业人群气候变化健康风险

职业人群通常是指达到法定工作年龄、有劳动能力并参加社会经济活动的人群。他们是一个家庭的支柱，也是国家发展的中坚力量，其健康状态关乎到整个社会的稳定发展。然而，全球气候变化正在显著影响职业人群的工作环境，严重威胁职业人群健康。相比于一般人群，职业人群由于生产方式、劳动强度、防护服装等自身特殊性因素影响，受到气候变化的影响更大，并由此引发了一系列健康与安全问题。此外，持续恶化的工作环境还会导致职业人群工作效率下降，从而造成严重的劳动生产力损失，危害经济发展。近年来，IPCC第六次评估报告已经重点提及气候变化对职业人群的健康危害，科学界有关职业健康风险评估研究逐步增多，政策制定者对气候变化职业健康风险的关注度越来越高。

极端气温暴露与职业人群健康的关系

气候变化最显著的特征就是外界环境温度升高，从而带来职业人群热暴露的增加。当职业人群从事体力劳动时，机体内部产热增加，需散发多余的热量以平衡体核温度。如果外部环境气温过高或者防护服装导致机体

散热受阻时，机体不断蓄热并超过自身调节能力，就会造成器官功能临床损害，引起中暑、热射病等热相关疾病，同时还会增加职业人群心血管、呼吸、泌尿、神经系统等多种疾病的发病与死亡风险。不仅是户外工人受到高温暴露的影响，若处于密闭不通风的室内工作环境，热相关疾病风险依旧会明显上升。在澳大利亚的研究发现，当日最高温超过35.5℃，职业人群发生中暑的风险将上升4～7倍（Xiang et al.，2015）。在中国广州开展的一项研究表明，从事造船厂的户外喷漆工人发生尿路结石的风险是行政人员等室内群体的4.4倍（Luo et al.，2014）。在美国开展的研究发现，可归因于高温的职业人群死亡人数正逐年上升，其中农业和建筑业、小企业的热相关死亡率更高（Petitti et al.，2013）。

气候变化还会导致极端气温与其他气象要素的复合暴露，同样增大职业人群的健康风险。若在气温过高、湿度过大、太阳辐射较强且风速较低的工作环境中，由于空气中的水蒸气含量较高且空气流动速率降低，人体出汗后汗液难以蒸发，从而使得人体无法正常散热，身体更易产生不适。湿球黑球温度（Wet Bulb Globe Temperature， WBGT）是一项综合考虑了气温、湿度、风速、热辐射多种气象因素的指标，该指标被广泛应用在职业健康领域，用以衡量职业人群的热压力情况。如一项研究调查了印度南部钢铁行业工人的健康状况，对比未暴露于极端 WBGT 的工人，暴露于极端 WBGT 的工人罹患慢性肾病的风险将高出 130%（Venugopal et al.，2020）。另外一项研究评估了卡塔尔移民工人心源性死亡的规律，发现移民工人发生心源性死亡的时间大多集中于夏季 WBGT 较高的时间段，WBGT 上升会显著增加工人心源性死亡的风险（Pradhan et al.，2019）。

在极端高温引发的多种职业健康与安全问题中，工伤是最为常见且较为严重的热相关疾病。根据国际劳动组织的定义，工伤是指在生产劳动过程中，由职业事故导致的任何人身伤害、疾病或死亡。职业人群一旦发生工伤，轻则导致急性损伤（如软组织挫伤、骨折等），重则导致劳动能力丧失及生存质量下降（如瘫痪、失明等），甚至引发职业人群死亡。危地马拉西南部一项研究表明，发现 WBGT 每升高 1℃，水稻收割工人发生伤害的风险上升 6%（Dally et al.，2020）。此外，我国广州一项研究发现，高温暴露会增加工伤事件发生率和保险支出金额，相对于 24℃，30℃时工伤发生风险和工伤保险支出分别增加 14.7% 和 12.3%，且青壮年男性、中低教育水平、以及小企业的劳动者对高温暴露更敏感（图 9-1）。

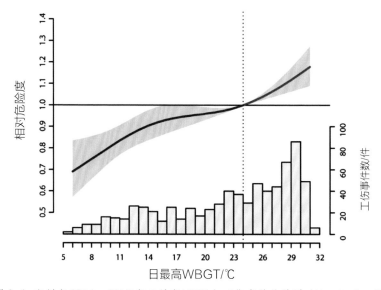

图 9-1 广州市 2011—2012 年日最高 WBGT 与工伤事件的关联（Ma et al., 2019）

极端天气气候事件对职业人群的健康影响

全球气候变化背景下，洪涝、干旱、台风、野火等多种极端天气气候事件的发生频率与强度均会显著增加，严重威胁人类生存环境和身体健康。与其他人群一样，职业人群同样不可避免会受到影响。洪涝可直接造成以溺水为主的人员伤亡，同时会污染清洁水源、破坏消毒设施，导致各种病原微生物和媒介生物的快速滋生，进而造成水源性疾病、媒介传染病和寄生虫病等的发生。干旱则限制了清洁水源的可获得性，从而增加了水源性和食源性传染病的传播风险；此外还可导致粮食减产，从而造成营养不良、营养缺乏等长期健康影响。台风强大的破坏力可直接导致各种伤害和死亡，同时严重破坏城市基础设施、清洁水源和居住环境，造成传染性疾病的风险增加。野火除了直接导致人员伤亡，还会通过烟雾扩大影响范围。烟雾中包括多种对健康有害的空气污染物，如 CO、NO_2、O_3、PM_{10}、挥发性有机物和多环芳烃等。

在各类职业人群中，参加救援应急的从业人群会直接暴露于极端气候导致的灾害环境下，极大地增加了该类人群死亡及发病风险。在洪水、台风、野火救援或清理的过程中，从事应急抢险人员发生伤害的风险上升。例如，2019 年和 2020 年四川凉山的山火分别造成了 31 名、19 名消防员和当地官员死亡。参与救援和清理任务的工作人员还会产生严重的心理应激反应。美国 2006 年发生的"卡特里娜"飓风过后，参与救援的消防员和警察被报道出现了大量心理问题，尤其是抑郁症状的发生。我国上海开展的研究表明，消防人群在参加各类灾害救援事件后可能会出现持续的强烈恐惧、不安、无助、痛苦等精神障碍，创伤后应激障碍检出率达 2.9%（孔嘉文 等，2021）。

此外，农业是特别容易受到气候变化影响的行业，农民存在面对短期农作物歉收和长期生产能力下降的重大风险，由此造成的收入损失会给以土地为生的农民带来巨大的心理压力。研究表明，非洲肯尼亚农民在

遭受异常天气袭击后，当地农民自杀率显著增加，达到约 2000 人/年，其中，男性农民的自杀率更高，为女性自杀率的 4～5 倍（Bitta et al.，2018）。此外，一项在印度的研究表明，由于气候变化造成旱灾频发，农作物歉收的概率增加，过去 30 年近 6 万印度农民和农场工人自杀，自杀率远高于其他职业人群（Carleton et al.，2017）。

气候变化加剧污染对职业人群的健康影响

空气污染与温室气体同根同源，化石燃料的燃烧不仅会产生大量空气污染物，其中的温室气体也会加剧全球气候变暖，而气候变化不仅能影响大气中空气污染物浓度，还能促进光化学反应产生二次污染物。气候变化背景下，高温可能会通过增加 O_3 的主要前体物浓度和促进光化学反应加速 O_3 的生成，从而危害人群健康。森林火灾、沙尘暴等极端事件会产生较多的颗粒物、氮化物、硫化物，而气象因素通过影响空气污染物的产生、运输和沉降过程以及二次污染物的生成，增加人群呼吸环境中的空气污染物浓度。对于长期从事户外劳动的职业人群，包括农民、建筑业工人、长途运输从业人员等，会长时间暴露于空气污染物叠加作用的环境中，从而导致心脑血管疾病、呼吸道疾病、过敏性疾病等发病风险。对于从事重体力劳动的职业人群，人体产生的额外热负荷会提高劳动者的呼吸频率，进而增加空气污染物的总摄入量，引起疾病甚至死亡。

气候变化会改变云层的分布，从而影响到达地面的紫外线辐射水平，由此增加光污染相关的健康影响。世界卫生组织发布的《全球太阳紫外线辐射疾病负担》指出，全球每年有多达 60 000 人死于紫外线辐射照射过多，总计超过 150 万个伤残调整寿命年。研究表明，过多的紫外线会导致人群眼病的增多，包括皮质性白内障等。此外，紫外线辐射会伤害人体皮肤，导致多种皮肤慢性病变，包括恶性黑素瘤、鳞状细胞癌、基底细胞癌等。

从事户外劳动的工人包括农民等是受紫外线辐射水平影响的脆弱群体，我
国开展的一项皮肤癌住院患者流行病学调查研究显示，2015—2017年中
国二级及以上医院全部皮肤癌住院患者中，农民患者的比例高达55%。

气候变化造成热相关劳动生产力损失的原因

气候变化背景下极端高温这一重要职业物理危害因素除了对职业人群
健康产生影响，还会影响职业人群的工作效率，从而造成劳动生产力损失。
劳动生产力通常指劳动者从事生产劳动的能力，其含义与劳动生产率相近。
劳动生产力是衡量一个国家经济及生产能力发展水平的核心指标，也是促
进经济持续增长与转型升级的重要因素。气候变化背景下，高温天气发生
的频率和强度进一步增加，势必会降低职业人群的劳动生产力，从而影响
社会经济发展。

极端高温可以通过多种直接或间接途径影响职业人群的工作效率，从
而造成劳动生产力损失。首先，高温可诱发职业人群的急性健康事件，直
接影响劳动生产力。通常情况下，人体通过辐射、对流、传导、蒸发4种
方式与外部环境进行热量交换，并将体核温度保持在37℃左右。如果外部
环境气温过高，机体不断蓄热并超过自身调节能力，就会造成职业伤害、
急慢性疾病等严重健康后果，从而导致职业人群劳动时间减少、劳动能力
降低甚至永久丧失。其次，高温可以引起慢性健康损失进而导致劳动生产
力损失。长期在高温天气中劳作会使机体的循环系统处于高度应激状态，
血液黏度、外周血管阻力增加。这些效应可能会增加职业人群患上慢性疾
病如慢性肾脏疾病的风险。高温热暴露引起慢性健康损害，不仅会导致劳
动能力逐渐降低，还会造成职业人群过早死亡、降低劳动供给，从而影响
劳动生产力。此外，职业人群在高温环境下的心理应激反应同样会影响劳
动生产力。如职业人群暴露在极端高温环境中，会通过心理暗示等行为主

动降低劳动强度、增加休息时间等，以避免产生严重的热损伤。用人单位在高温天气来临时，会采取换班轮休等方式缩短职业人群的连续作业时间。这些方式都会对职业人群的劳动生产力产生一定的影响。

众多流行病学研究已经证明，环境温度上升与人群的劳动生产力损失呈现正向关联。澳大利亚一次基于工作效率和活动能力下降的问卷调查，发现高温天气明显降低职业人群自我报告的工作能力（Zander et al., 2015）。另一项在印度西孟加拉邦开展的现场研究表明，WBGT 每升高 1℃，户外砖厂工人的劳动生产力降低 2%，其中女性工人更加敏感（Sahu et al., 2013）。我国在北京和香港也开展了类似的现场研究，发现极端高温影响户外劳动人群（如建筑业工人）的工作能力，WBGT 每上升 1℃，北京及香港建筑业工人的劳动生产力分别降低 0.57% 与 0.33%（Li et al., 2016c；Yi et al., 2017）。

全球和中国的热相关劳动生产力损失

世界气候组织的数据表明，当前人为温室气体排放达到了历史的最高水平，全球表面平均温度已经较工业化前期高出 1.2℃，且按照这个趋势，到 2100 年全球平均温度将比工业化前期高出 3 ~ 5℃（Alexander et al., 2016）。一项全球性研究表示，在过去的 20 年中，极端高温已经造成了每年约 6500 亿劳动小时数损失，这相当于全球每年损失了 14.8 亿个全职工作岗位，约等同于新冠疫情造成的劳动力损失。全球气温上升对职业人群劳动生产力的影响，已经引起了科学界和政策制定者的深深担忧。国际著名杂志《柳叶刀》近年来聚焦于气候变化与人类健康，已将热相关劳动生产力损失作为一项关键指标，进行每年的实时追踪，并将结果发布于《柳叶刀倒计时人群健康与气候变化报告》。此外，世界劳工组织也已在 2018 年发布了《在一个更温暖的星球上工作：热压力对劳动生产力的影响》，对全球不同区域及不同国家进行热相关劳动生产率损失的评估。尽管这些研究或报告采取的评估方法存在一定差异，但都表明了气候变化极大地加剧了热相关劳动力损失，其中处于热带地区或低纬度地区的国家受影响更为明显。

中国作为世界第二大经济体，是世界上职业人群数量最多的国家。中国同时也是全球气候变化的敏感区和影响显著区之一，自20世纪50年代以来中国地表年均温每10年升高0.24℃，高于全球平均温度上升水平。《中国版柳叶刀倒计时人群健康与气候变化报告2022》显示，与基线年（1986—2005年）相比，2021年因热暴露造成的劳动时间损失增加了22亿小时，达到330亿小时，占全国总工时的1.4%。其中，农业造成的劳动时间损失最大，而建筑业和制造业劳动时间损失上升速度最快（图9-2）。此外，由于气温上升速率和劳动人口密集程度的双重原因，各省份的劳动时间损失差异较大，损失最为严重的地区是华南的广东省，已经占到中国总损失的27.5%。在中国全面层面，热相关劳动力损失造成的经济损失达到了

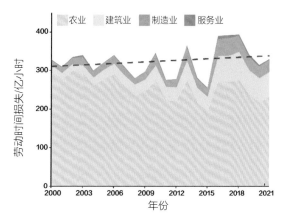

图9-2　2000—2021年中国因高温导致的劳动小时损失数（Cai et al., 2022）

2858 亿美元，占中国总 GDP 的 1.7%。该研究证据不仅警示了政策制定者需要关注中国气候变化背景下高温对职业人群劳动生产力的影响，而且对于后续制定具有针对性的高温劳动保护措施具有重要意义。

　　气候变化对职业人群健康构成了巨大威胁。气候变化背景下，影响职业人群健康的危险暴露因素不仅限于高温，还包括极端天气气候事件、空气污染加剧等。此外，气候变化也不仅仅是造成了职业人群死亡和发病风险增加，同时影响工作效率，造成劳动生产力损失。因此，气候变化对职业人群的影响需要引起政府及相关机构的高度重视，应尽早制定并实施防控策略，从而降低由于气候变化带来的职业健康损害和经济损失。

第十章

中国气候变化健康风险的未来预估

IPCC 第五次报告就指出，由于气候变化，到 2100 年未来全球气温在不同代表浓度路径下将上升 0.3 ～ 4.8℃。大量探索气温与健康效应的研究表明气温变化会影响人群的死亡风险和发病风险，且这种风险在老年人和患有心血管疾病等人群中更加显著。气候变化背景下，预估未来气温对人群的健康效应对于预警气温变化导致的健康危害具有重大公共卫生学意义。自 20 世纪 90 年代起，尤其在 2007 年之后，气候变化下，气温对人群死亡风险的预估研究受到更多关注，包括未来冷热效应、热浪和寒潮对人群的健康效应（Huang et al., 2011）。

2014 年起，陆续有研究开始关注气候变化下未来气温对人群的健康风险，但目前国内研究仍较少，覆盖范围也较窄，大多为单中心研究，分布在北京、广州、宁波、天津等地，仅少数多中心研究，分别为北京、上海、广州的 3 城市研究、中国 27 城市研究和中国 105 区县研究。人群死亡率和寿命损失年仍是目前的主要研究，主要集中在心血管疾病和呼吸系统疾病。在重点人群方面，国内预估未来气温相关人群风险的研究对象主要聚焦在老年人和不同区域人群。

第一节　气候变化健康风险预估方法概括

预估未来气温相关健康风险的研究主要是基于基线时间段的暴露－反应关系和未来大气温度的预估，将预估的未来时间段的气温代入到暴露－反应关系中来计算未来气温相关健康风险，在此过程中部分研究考虑了未来人口变化和未来人群对气温的适应性对结果的影响以及预估结果存在的不确定性。

　　对于未来大气温度的预估，国内主要基于 2013 年 IPCC 公布的一套代表性浓度路径情景，一般为多种路径情景结合的方法，通过大气环流模型模拟全球和大区域气候变化过程，得到未来时间段的时间序列的气温数据。由于选择大气环流模型还没有标准，采用多个大气环流模型可以降低气温预估的不确定性（Sanderson et al., 2017）。受计算条件限制，大气环流所取分辨率一般较低（目前一般在 125 ～ 400 千米），实际研究中经常要在更小尺度的区域和局地进行气候变化情景预估，则需要通过统计或动力降尺度方法实现。统计降尺度方法通过在大尺度模式结果与观测资料（如环流与地面变量）之间建立联系，得到降尺度结果。统计降尺度方法计算方便、可以集合多种大气环流模型的优点，近年来使用较多。动力降尺度则是在全球或区域范围使用高分辨率的气候模式进行模拟。

预估未来人群气温相关死亡风险时还需要考虑到未来人群的人口数量和结构变化。目前国内研究中对未来人口变化的预估方法主要包括采用联合国的预估人口或者采用共享社会经济路径（Shared Socioeconomic Pathways，SSP）情景下的 SSP1 ～ SSP5 人口。

在预估气温相关死亡风险时是否考虑人群对气温的适应性会对预估结果产生影响。例如，有研究（Jenkins et al.，2014）预测英国伦敦未来热相关死亡风险，发现考虑人群对热的适应性可以减小 69% 的气温相关死亡风险。人群会因生理机制对热和热浪的适应性增强、对冷和寒潮的适应性降低。未来空调的使用、预警系统的干预皆会影响人群对气温的适应性，而不同地区会因社会经济状态不同导致空调使用情况不同。

不确定性是预估未来气温相关死亡风险时的最大挑战。不确定性主要来自于以下几个方面：对基线时间段气温与健康风险暴露反应关系斜率的假设；气温预估过程（大气环流模型、排放模式）的选择、未来人口数量和构成的变化、人群热适应性的增长和冷适应性的降低、社会经济水平的变化、医疗条件的改善等（Kinney et al.，2008）。

第二节　敏感疾病的气候变化健康风险预估

随着未来与气温有关的健康风险已成为一个日益引起公众健康关注的问题，国内许多研究在预估人群未来气温相关健康风险的基础上进一步探索一些慢性疾病的健康风险，特别是心血管系统疾病和呼吸系统疾病对气温变化较为敏感，预估未来气温相关敏感疾病健康风险更能为决策提供理论依据（表 10-1）。

表 10-1　我国气候敏感性疾病的气候变化健康风险预估研究列表

研究地点	目标疾病	结局指标	暴露指标	文献
北京	心血管和呼吸系统疾病	死亡率	未来气温热效应	Li et al., 2015b
江苏	心血管和呼吸系统疾病	死亡率	未来气温热效应	Chen et al., 2017b
北京	中风	死亡率	未来气温总效应	Li et al., 2018c
北京	心血管疾病	死亡率	未来气温总效应	Zhang et al., 2018a
天津	心血管疾病	寿命损失年	未来气温总效应	Li et al., 2018b
天津	中风	寿命损失年	未来气温总效应	Li et al., 2018a
浙江宁波	心血管疾病	寿命损失年	未来气温总效应	Huang et al., 2018
天津	缺血性心脏病	寿命损失年	未来气温总效应	Huang et al., 2019
浙江宁波	15 种疾病	死亡率	未来气温总效应	Gu et al., 2020
北京	心血管疾病	死亡率	未来气温总效应	Xing et al., 2022

基于心血管疾病对气温变化的敏感性，国内学者陆续在北京、天津、宁波及江苏多地开展了相关预估研究，尤其是未来气温相关缺血性心脏病、中风等疾病的疾病负担。预估未来北京气温热效应相关心血管系统死亡率时显示：RCP4.5 情景下 21 世纪 20 年代、50 年代、80 年代心血管疾病死亡率增加 18.4%、47.8%、69.0%，RCP8.5 情景下增加 16.6%、73.8%、134%，RCP8.5 情景下在 21 世纪中后期心血管疾病死亡风险增长迅速（Li et al., 2015b）。进一步预估北京气温相关心血管系统疾病中的缺血性中风、出血性中风和缺血性心脏病死亡风险，预估结果显示：未来气温相关的 3 种疾病死亡风险最大的是急性缺血性心脏病，其次是缺血性中风和出血性中风（Li et al., 2018c），RCP8.5 情景下 3 种疾病热效应相关的死亡风险增长更快，冷效应相关的死亡风险下降更快；通过对不同月份结果进一步预估显示出血性中风和急性缺血性心脏病夏季和冬季死亡人数最多，而缺血性中风夏季死亡人数最多，3 种疾病死亡风险百分比增长最大均发生

在夏季；在考虑未来人口变化情况后，人口增长高变化情景下，3 种疾病未来气温相关死亡风险均大于人口变化恒定的情景。

国内研究除预估未来人群气候变化下气温相关心血管疾病死亡风险外，另有一部分学者的研究结论关注于寿命损失年。宁波（Huang et al.，2018）和天津（Li et al.，2018b）先后有研究预估未来气温相关心血管系统疾病的寿命损失年。天津研究基于 19 种大气环流模型和 3 个 RCP 情景预估天津未来气温相关寿命损失年，结果显示：未来气温相关寿命损失年在不同 RCP 情景下均会增加，气温热效应带来的寿命损失会抵消气温冷效应带来的寿命损失的下降。在 RCP8.5 情景下寿命损失年下降迅速，在 21 世纪 70 年代比 50 年代寿命损失更大。只有 RCP2.6 下的气温带来的心血管疾病寿命损失能在 21 世纪后期抵消。通过不同月份预估结果显示，未来 5—9 月的心血管疾病寿命损失的增长更快。该团队（Li et al.，2018a）进一步在天津基于 19 种大气环流模型和 3 个 RCP 情景进一步对中风预估其气温相关寿命损失年结果显示：3 种 RCP 情景下，气温热效应相关中风寿命损失年均呈增加趋势，而气温冷效应相关的平均寿命损失年呈减少趋势，气温相关中风寿命损失年较基线时间段略有下降，说明热效应相关的中风寿命损失可被冷效应抵消。

除心血管系统疾病外，呼吸系统疾病和一些其他疾病未来气温相关健康风险也被国内学者陆续研究。2017 年在江苏 104 个区县有研究（Chen et al.，2017b）基于 21 个大气环流模型和 2 种 RCP 情景（RCP4.5 和 RCP8.5）预估未来热效应相关包括呼吸系统疾病在内的多个疾病死亡风险，结果显示：预计 2016—2040 年和 2041—2065 年 5—9 月呼吸系统、慢性阻塞性肺疾病的年均热相关死亡率升高，在 2016—2065 年，江苏非城镇居民将比城镇居民遭受更多与高温相关的原因特异性死亡，人口规模的变化对结果产生的影响较小。宁波有研究（Gu et al.，2020）基于 28 种大气环流模型和 2 种 RCP 情景（RCP4.5 和 RCP8.5）预估 15 种疾病气温相关超额死亡风险结果显示：气温冷效应有关的疾病死亡率呈持续下降趋势，而气温热效应有关的疾病死亡率急剧上升，预计 21 世纪末 10 种疾病（循环系统、呼吸系统、消化系统、泌尿系统、精神障碍、内分泌疾病、呼吸道感染、慢性下呼吸道疾病、脑血管疾病和心脏疾病）气温相关的死亡风险降低，降低最大的为精神疾病障碍，5 种疾病（神经系统、缺血性心脏病、意外事故、外因导致死亡、其他原因死亡）气温相关死亡风险增加，增加最大的是气温相关外因导致死亡。

第三节 重点人群的气候变化健康风险 预估

由于不同人群对气温的易感性不同，在预估未来人群气温相关健康风险时有必要探索未来重点人群的风险，为敏感人群提供针对性公共卫生干预措施。

我国是世界上人口最多的国家之一，未来将面临几十年的老龄人口增加的重大挑战，在全球气候变暖和人口老龄化双重背景下，老年人因为自身的脆弱性，更容易受到极端高温等天气的健康影响。有研究（Li et al.，2016b）基于31个降尺度大气环流模型预估北京65岁及以上老年人的高温相关死亡率结果显示：在中等人口和RCP8.5情景下，到2080年，北京每年热效应相关死亡老年人将有1.44万名，比20世纪80年代增加264.9%；调整人群适应性后结果略有下降，即使研究假设了30%和50%的适应率，在高人口情景和RCP8.5的情况下，热效应相关老年人年均死亡增加约为20世纪80年代的7.4倍和1.3倍。此发现可以帮助我国针对气候变化和人口老龄化的双重问题制定公共卫生干预政策。

不同性别人群对气温的易感性存在差异，有研究基于31个大气环流模型和5个共享社会经济路径情景预估全球变暖1.5℃和2.0℃下中国27个人口密集城市的不同性别人群年均热效应相关死亡率（Wang et al.，2019b）。结果显示RCP2.6背景下未来气温升高1.5℃时未来热效应有关的年均死亡率预计将从1986—2005年的每100万居民每年32.1人增加到每100万居民每年48.8～67.1人，女性将从22人增加到30.3～40.9人（相对增加37.7%～85.9%），男性将从10.1人增加到18.5～26.3人（相对增加83.2%～160.4%）。该研究还考虑了未来人群对热适应能力的提高，发现提高适应性可使男性人群热效应相关死亡率降低 36.8% ～ 43.0%，女性人群热效应相关死亡率降低 52.8% ～ 57.5%。在 RCP4.5 情景下，气温上升 2.0℃时男性人群热效应相关死亡率增加 134.7% ～ 229.7%，女性人群热效应相关死亡率将增加 61.4% ～ 118.2%；提高适应性可使男性人群热效应相关死亡率降低 39.3% ～ 45.5%，女性人群热效应相关死亡率降低 57.2% ～ 62.2%。总体而言，女性高温相关死亡风险过去和将来都高于男性。但是，此预估基于假设中国的性别比例从 1986—2005 年的 105∶100，到 2060—2099 年的（96 ～ 101）∶100 的变化，预估性别之间的差距将会缩小。该研究同时预估未来高温天气工作年龄人群和非工作年龄人群高温相关死亡风险，预估结果显示：RCP2.6 背景下未来气温升高 1.5℃时工作年龄人群未来热效应有关的年均死亡率预计将从 1986—2005 年的每 100 万居民每年 7 人下降到每年 2.8 ～ 4.1 人（下降 42.9% ～ 60.0%），

非工作年龄人群将从每 100 万人 25.1 人增加到 44.7 ~ 64.4 人（相对增加 78.1% ~ 156.6%）。与高温适应性提高相比，适应能力不变工作年龄人口的热效应相关死亡率将增加 162.5% ~ 167.9%，非工作年龄人口将增加 87.1% ~ 108.5%。在 RCP4.5 情景下，气温上升 2.0℃时工作年龄人群的热效应相关死亡率将显著下降 35.7% ~ 57.1%，非工作年龄人群显著增加 117.5% ~ 211.6%；与高温适应性提高相比，适应能力不变工作年龄人口高温死亡率将增加 224.4% ~ 240.0%，非工作年龄人口将增加 100.6% ~ 124.7%。随着气候变暖，基于该研究设定的未来人口结构的变化，中国大城市非劳动年龄人口的热效应相关死亡率上升，劳动年龄人口的热效应相关死亡率下降。

我国地域辽阔，各地区气温除了气候差异外，生活习惯、环境、医疗资源等也有所不同，使地区间人群对气温的敏感性存在差异。在我国七大地理分区 105 区（县）研究预估未来气温相关死亡风险，该研究设置了一套未来的联合情景，此系列情景联合 RCP 情景、未来人口情景、粗出生率、死亡率、GDP 等多个影响气温与死亡关系的因素，在此系列情景下基于 5 个大气环流模型的预估气温对人群未来的气温适应性进行科学预估（Sun et al.，2021）。七大分区人群气温相关死亡风险结果表明，气候变化下不同区域未来气温相关死亡风险有明显差异，气温水平较高的华东地区、华南地区未来冷效应会增大，热效应会降低，而气温较低的西北、东北、西南地区未来热效应会增大，冷效应会降低，各地理分区气温相关死亡数差异较大。

因为中国快速的城市化进程，且城市地区人口密度大，暴露于高温天气和极端气候影响的易感人群高度集中。目前中国预估未来气温相关健康风险的研究大体为个别大城市的单中心研究，未来研究需要考虑快速城市化的影响开展更多的多中心城市研究。其次，在一些经济发展较缓慢的城市和农村地区，医疗资源和干预措施有限，未来有待在此类地区进行更多的相关研究，完善气温预警系统，做到因地制宜。IPCC 报告指出，未来气候变化将导致极端天气频率和强度上升，未来极端天气如热浪、寒潮等对人群的健康风险有待进一步预估。此外，目前气温相关敏感性疾病聚焦在心血管疾病中的中风、缺血性疾病等，研究的疾病类别有限，研究结论主要为死亡率或者寿命损失年，未来有待进一步预估气温对人群多病种的发病率、疾病复发率和其他疾病负担指标。最后，敏感性人群主要为老年人，未来应开展更多研究预估来为政府提供理论支持，加强高温有关的健康风险管理和公共卫生干预措施。

第三篇

气候变化健康风险的区划与评估

第十一章 气候变化健康影响的脆弱性评估

第一节 气候变化健康影响的脆弱性特征

　　脆弱性是承灾体受到自然灾害时自身应对、抵御和恢复能力的一种内在特性，可以分为自然脆弱性和社会脆弱性。IPCC 报告中将脆弱性定义为："系统易于遭受或能力不足应对气候变化（包括气候改变和极端天气气候事件）不利影响的程度，与系统内气候变化速率、敏感性、适应能力密切相关"。脆弱性能够反应区域人群健康受到气候变化不利影响的倾向性，是包含暴露性、敏感性和适应能力的综合指数。脆弱性这一概念来源于自然灾害的风险研究中，如今已经扩展到气候变化、公共健康、社会经济等多个领域。

评估气候变化健康影响脆弱性的原因

　　IPCC 第二工作组发布的第六次评估报告指出，观测到的极端天气气候事件的频率和强度增加，包括陆地和海洋上的极端高温、强降水、干旱等，对生态系统、社会支持系统、人群健康等造成了广泛而深远的影响。目前，我国在气候变化健康脆弱性方面的研究较少，研究内容主要针对气候变化背景下高温热浪、寒潮、干旱和洪水等极端天气气候事件。研究表明，生理和人口学相关因素中，年龄、性别、贫困水平、健康状态是与气候变化相关的脆弱性因素（Chen et al., 2018b）。儿童、老年人、女性、低收入以及患有慢性疾病的人群是受极端温度影响的最脆弱人群。此外，孕妇作为特殊群体，对高温等各类不良气象因素的健康脆弱性更高，容易诱发孕期并发症和不良妊娠。然而，导致气候变化健康效应的脆弱性因素不仅来自人群自身的生理和人口学特征，还与其所处的地理环境和社会经济条件有关。研究发现气候变化对人群健康的影响具有一定的区域差异性。

从地区来看，我国华东、华中地区和西部中纬度地区对高温热浪的健康脆弱性较高，南方地区对低温寒潮的健康脆弱性较高，华东地区和沿岸地区对洪涝灾害的健康脆弱性较高。

气候变化风险显现的速度越来越快，并愈加严重，加上复合型和级联传导风险使得气候变化风险越来越复杂，这将使得上述提到的人群和地区的健康脆弱性更高。因此，了解气候变化背景下中国健康脆弱性的人群和地区分布及其影响因素，对公共卫生部门制定应对气候变化的政策和计划、合理分配资源、保护人群健康至关重要。

气候变化影响人群健康的脆弱性特征

在气候变化面前，老年人、儿童、妇女、贫困人群以及罹患基础疾病的人群均属于脆弱人群。脆弱人群应对气候变化的能力有限，也更容易受到气候变化的威胁，且在气候变化引发的系列极端天气气候事件过后他们往往也不能较快恢复，因此需要重点关注这些脆弱人群。

《柳叶刀人群健康与气候变化倒计时 2020 年中国报告》指出，在全国范围内，热浪暴露一直稳步上升，增幅相当于 65 岁以上人群在 2019 年比 2000 年多经历了 13 天的热浪（图 11-1）。而 65 岁以上人群比其他年龄段的人群更容易遭受气候变化的健康风险。老年人由于身体机能下降、适应能力较弱、健康状况不佳或慢性病和多发病的患病率较高等原因，对气候变化的健康脆弱性较高。在全球老龄化趋势的背景下，与年龄相关疾病的患病率逐步上升，再加上更频繁和更强烈的气候变化与极端天气事件发生，老年群体的健康脆弱性进一步增加。当热浪、洪水及其他极端天气事件发生时，老年人无法及时有效应对，更容易患上传染性疾病，甚至部分地区可能会因医疗卫生资源的缺乏造成更严重的后果。如国内外研究均显示，老年人在非最适温度导致的死亡负担更大，极端温度还会不同程度的增加心脑血管疾病、

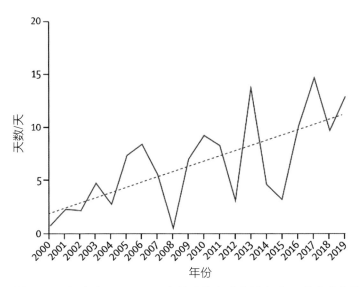

图 11-1　相对于 1986—2005 年的平均水平中国大于 65 岁人群的热浪暴露天数变化趋势（Cai et al., 2021）

呼吸系统疾病的发病率和死亡率（Chen et al., 2018b）。

相较于成年人，儿童正处在生长发育期，因其生理易感性、行为模式和卫生习惯的不同，更易受到气候变化及外界环境因素的影响（表 11-1），健康脆弱性较高。在高温环境下儿童因体温调节能力较差容易出现中暑、脱水甚至死亡。同时，气温升高会使儿童对于腹泻、手足口病、疟疾、哮喘、营养不良等疾病的敏感性增加（Sheffield et al., 2011）。

由于社会角色和责任以及生理特征和适应能力等方面的不同，气候变化健康影响的脆弱性也会表现出性别差异。相较于男性，女性因非最适温度导致的死亡负担更大，气候变化导致的降水分布变化或干旱等极端天气气候事件中女性承受的心理压力比较大，使得她们更容易发生心理、胃肠道和妇科疾病，大大增加女性的健康脆弱性。此外，孕妇作为特殊群体，对极端温度等各类不良气象因素的健康脆弱性更高。极端温度暴露与孕妇宫缩、宫内羊水量减少以及子宫血流速度减慢相关，因此极端温度会影响

表 11-1　气候变化对儿童机体易感性发生机制及其风险

类别	易感性机制	增加暴露或风险
生理	更大的单位体重暴露面积	环境有毒有害物质, 空气污染
	未发育成熟的功能器官	紫外线辐射, 晒伤, 皮肤癌
	较弱的有毒有害物质分解能力	热休克, 过敏和伤害
	未发育完善的免疫系统	传染性疾病, 营养不良
	较差的环境适应、抵抗和耐受能力	腹泻病, 呼吸系统疾病和死亡等
代谢	较高的呼吸频率	空气污染, 哮喘, 咳嗽
	较高的基础代谢速率	气源性致敏, 热休克
	单位体重较多的需水和食物量	营养不良和消化道疾病等
行为	室外活动和玩耍的时间较长	空气污染, 紫外线辐射, 传染病
	好奇好动, 活动范围较广	环境有害物质致过敏, 腹泻病
	避险和自我防护意识薄弱	极端天气气候事件, 热衰竭, 晒伤
	需人监护, 独立生存技能较差	伤害(溺水), 呼吸系统疾病等
精神心理	精神脆弱	极端天气气候事件, 气候性自然灾害
	心智尚未发育成熟或健全	创伤后应激综合征
	心理耐受、适应和调节能力较差	灾后心理创伤和情感障碍等
时间	一生暴露, 长期累积	环境有毒有害物质致过敏
	遗传和长期效应的潜伏期较长	营养不良和癌症, 紫外线辐射, 呼吸道疾病等
发育状态	正处于生长发育阶段	营养不良, 发育迟缓, 体质减弱, 易患疾病, 生活质量降低等

孕妇本身及胎儿的健康,增加孕期并发症(妊娠期高血压、妊娠期糖尿病等)和不良妊娠（早产、流产、和低出生体重等）的发生风险（Chen et al., 2018c）。值得注意的是，职业年龄段（25～64岁）的男性因高温引起的超额死亡风险高于同年龄段的女性，这可能由于该年龄段的男性暴露于夏季室外高温环境的机会更多（Bai et al., 2014）。在台风、洪水等气象灾害中，对于死亡以及肠道疾病，男性比女性的健康脆弱性更高，这可能跟男性更多参与抗洪救灾工作有关，极大程度增加了男性的暴露水平。

气候变化还会影响低收入人群和罹患慢性疾病人群的健康脆弱性。鉴于其较低的收入和不良的生活居住条件，以及对高温热浪等极端天气气候事件所带来的健康风险认知不足，低收入人群如中国城市大量的外来务工人员健康脆弱性较高，同时因城市热岛效应其健康脆弱性进一步加剧。此外，住在农村或远郊地区的居民通常因经济欠佳、教育水平低下、医疗卫生服务可及性低等原因，面对气候变化时相应的健康脆弱性较高，尤其在持续高温热浪期间，更容易发生中暑、心肺系统疾病和死亡（Yang et al.，2013）。

长期以来，人们通常认为，热暴露期间维持体内平衡的生理反应受损会导致热浪期间罹患疾病的风险增加。超重、肥胖以及罹患其他慢性疾病（如心血管疾病、糖尿病）的人群由于体温调节机制受损和体位性反应障碍等原因，对气候变化的易感性较高，健康脆弱性更高。

气候变化健康影响的脆弱性存在区域差异

气候变化引起极端天气气候事件频发，对人群健康产生诸多不利影响。中国境内常发生的极端天气气候事件主要有热浪、寒潮、洪涝、干旱和沙尘暴等。中国地处季风气候区，地域辽阔、气候条件差异大，再加上受到社会经济发展不平衡、生活习惯以及当地的医疗卫生条件等因素影响，气候变化健康脆弱性在不同区域上会有较大的差异。

我国升温速率高于全球平均水平，过去 40 年间热浪相关的死亡负担增长了 4 倍，因热浪引起的健康效应区域差异较为明显。从全国来看，华东和华中地区是我国热浪归因死亡负担最重的区域，因暴露时间较长、人口密度大、老年人口比例高等原因导致健康脆弱性较高。此外，西部中纬度地区也因经济水平较低、空调持有水平率低使得该地区人群高温防护能力不足，健康脆弱性也较高（杜宗豪，2019）。对于华南地区，温度上升将使得该地区扩大虫媒疾病（例如登革热和疟疾）的传播范围，增强传播强度以及延长传播季节。此外，由于城市热岛效应和人口密度大，通常认为城市居民比农村居民面临更高的极端热暴露，发生疾病和死亡的健康风险也较高。在全球城市化的趋势下，夏季热浪会更广泛而持久，人类健康脆弱性将集中在非正式住区、快速增长的小型住区和其他尚未满足现有人口基本需求的地区。

因气温上升虽引起全国性和区域性的寒潮事件数量呈下降趋势，但其强度却不降反增，由寒潮事件引起的健康效应仍然不容忽视。研究发现，寒潮期间人群总死亡风险增加 3%，相较于北方地区的居民，南方地区的居民因多湿冷天气、取暖设施不完善和抗寒能力较弱，导致其低温寒潮的健康脆弱性较高，例如，2008 年南方地区发生的低温寒潮事件造成了严重的健康影响（Xie et al.，2013）。在低温环境中，人体组织代谢加强，氧气的需要量增加，血管收缩，显著增加心血管疾病、呼吸系统等疾病的死亡风险。

以全球变暖为特征的气候变化使得大气层在饱和前可容纳更多水汽，极端降水强度增加、频次增多以及持续时间延长，极易引发洪涝灾害。《柳叶刀人群健康与气候变化倒计时 2020 年中国报告》指出，与 1980—1999 年相比，2000—2019 年间我国洪涝灾害的发生次数显著增多，主要在西南和中南部地区，这些地区因其高暴露水平导致其健康脆弱性较高（Cai et al.，2021）。洪涝可直接破坏交通、电力以及通信设施，造成人员意外伤害或死亡；还能破坏饮用水和消毒设施，造成水源与食物污染，进而导致供水污染增加，增加消化道、呼吸道等传染病与非传染性疾病发生的可能性。此外，洪涝灾害的频发已成为我国血吸虫病疫情反复的重要自然因素之一，其将加剧钉螺孳生地的扩散和血吸虫病传染源的传播，进一步增加疫源地的健康脆弱性。此外，气候变化造成一些地区出现了持续的高温少雨天气，使得干旱事件频发，不仅可以直接引起中暑和一些慢性病的急性发作，还能引起粮食减产、清洁水源短缺和污染等问题，从而增加痢疾、甲型肝炎等粪口传播疾病以及呼吸道传染病的风险。从全国来看，我国青藏高原北侧（柴达木盆地例外）和西北地区干旱的暴露程度较高，导致该地区干旱相关的健康脆弱性较高。新疆由于水资源短缺和用水效率低下，大部分城市（北疆例外）对干旱的敏感性高，这些地区干旱相关的健康脆弱性均较高。

第二节　脆弱性评估的内容与方法

脆弱性评估的内容

气候变化已经成为了 21 世纪威胁人类健康的最值得关注的问题之一，引发的各种极端天气气候事件，如热浪、寒潮、洪涝、干旱等，对生态系统、基础设施以及人类健康造成深远影响。同时，由于区域城市化水平、人口密度、老年人口比例，地理环境条件等特征不同，造成了不同区域间极端天气气候事件发生频率和波及范围的差异性。与此同时，健康影响在人群中的分布也是不均等的。比如诸多人口学因素包括性别，年龄、收入水平、基础健康状况等人口学因素致使不同人群所承受不同水平的健康风险，研究发现，儿童、老年人、女性、低收入以及患有慢性疾病的人群是受极端温度影响的最脆弱人群。

2019 年，有研究选取了一些反映区域人群极端高温健康脆弱性指标发现，主要影响因素包括卫生健康（老年人口抚养比、孕产妇病死率、围产儿童死亡率及传染病发病率）、生活环境（5 人户及以上家庭户比例、年平均气温）、社会经济（独居人口比例、人均 GDP、城镇居民生活用电量）以及空气质量（$PM_{2.5}$、NO_2）等，脆弱地区主要分布于西部及中部地区。那么如何选取研究中需要的指标以此来找到受气候变化所带来的健康影响程度较深的地区和人群是其中重要的问题。因此，本节将提出气候变化下健康脆弱性评估框架的最新步骤流程和方法。

脆弱性评估的步骤和方法

　　IPCC 先前提出了一个较为成熟的气候变化脆弱性评估模型。它是一个包含 7 个步骤的完整框架，旨在评估自然和人类系统对气候变化的脆弱性。具体来说，这 7 个步骤如图 11-2 所示。

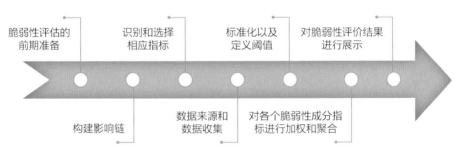

图 11-2 气候变化脆弱性评估框架

脆弱性评估的前期准备

　　在进行脆弱性评估之前，应根据本次脆弱性评估的研究目的，清晰地阐释脆弱性评估的背景（包括研究目的、研究方法、参与人员、时间期限等）。通常而言，研究目的包括基于暴露性、敏感性、适应性 3 个维度构建某区域人群脆弱性评估体系、描述脆弱性地区的地理分布特征及主要影响因素、制定应对策略等。其次，组建本次参与评估流程的人员团队，明确各自的职责和分工。同时，需要界定本次评估的特定范围，包括评估的主题类别（某个特定部门或者社会群体）、空间尺度（比如以整个国家作为健康风险脆弱性评估单位）、时间尺度（针对当前健康风险脆弱性进行评估或者对未来的健康风险脆弱性进行预测）等。

构建影响链

基于前期收集的背景资料和研究目标，第二步则是构建影响链。作为整个气候相关健康风险评估流程中的核心步骤，影响链是一种描述在社会生态系统下由气候变化介导因果关系的理论框架，它阐释了脆弱性成分之间的关联性，包括气候信号系统的暴露性（Exposure，E），系统的敏感性（Sensitivity，S），以及应对能力（Adaptation，A）3 个核心成分。暴露性水平决定了系统在气候变化不利影响下遭受威胁的程度，暴露程度越高，其遭受风险的概率就越大，与脆弱性呈正相关；敏感性是人群受到不良气候条件影响的程度，与机体自身的生理状况和社会经济条件有关，更多反映的是脆弱性不良状况，可认为脆弱性与敏感性呈正相关。将暴露性与敏感性相结合称为潜在影响（Potential Impact，PI）作为整个影响链的中间产出结果。应对能力侧重于系统能减弱气候相关健康风险的能力，相关研究表明应对能力提升则脆弱性下降，可认为脆弱性与应对能力呈负相关。因此潜在影响（PI）受到系统应对能力（A）的调节作用，最终输出结果为脆弱性（Vulnerability，V）。如图 11-3，在一个由暴雨引发的洪涝灾害导致农业用地侵蚀的案例中，持续多月的暴雨作为影响链的暴露因素，以耕种农作物为生的农民进行毁林开垦导致当地水土流失作为敏感性因素，而两者共同导致了耕种面积的减少和农作物减产，进而引发饥饿、营养不良、食物源性及水源性传染病等健康问题，以及经济损失，被迫迁移等社会问题，使得当地受灾农民群体成为脆弱性人群。而利用现有的雨水储存灌溉技术和当地组织现有工程技术及医疗资源进行抗灾等则作为影响链的应对能力，对农作物减产、负面健康影响等结果起到调节作用，

共同决定了当地整体的脆弱性程
度。因此，通过构建影响链，可
以明晰导致某个地区整体脆弱性
各个环节间的关联性，以便于进
一步筛选相应指标进行量化评价。
除此以外，构建影响链的过程除
了需要基于现有的理论知识，也
可以倡导相关专家和利益相关者
参与，确定影响因素的优先级，
根据区域实际的适应性微调和简
化理论框架，使之更有说服力。

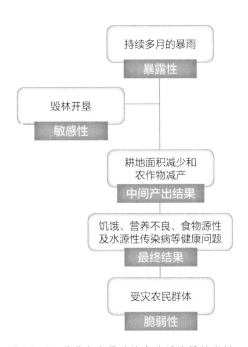

识别和选择相应指标

构建完影响链以后，理论框 图11-3 洪涝灾害导致的农业用地侵蚀案例
架基本形成，在收集相应数据之前，首先应针对3个主要成分暴露性（E）、
敏感性（S）、适应性（A）分别选择有代表性的指标，而这主要取决于所
要研究的范围以及数据的可获得性。当然在复杂的气候条件下，由于整个
分析过程涉及多学科、多领域，所以所选择的指标需要保证彼此之间的关
联性、可量化、可实践性等。比如，暴露性指标需要涵盖气候变化的特征、
影响地区范围及程度等；敏感性指标需反映影响人群健康的人口结构和人
口特征对天气和气候变化（暴露－反应关系）的敏感程度；适应性指标
主要考虑人类采取的用来减轻（预期的）气候变化对人类健康影响的措施，
可归类为：①管理的或立法的；②工程的（包括医疗卫生保健）；③个人
的（行为的），由当地的经济水平、教育程度、医疗卫生资源可及性、城
市规划、新技术的获得以及政治意愿等多种因素综合作用。

数据来源和数据收集

基于初步确定的气候变化健康脆弱性相关指标，进一步结合研究背景和时空尺度匹配相应的数据源进行大规模数据收集。数据主要有三大来源，包括气象数据、流行病学数据及社会经济学数据（图11-4）。气象数据需直接体现暴露范围、暴露程度及暴露时间等。流行病学数据：目前与气候变化相关的流行病学数据主要分为传染病和气候相关慢性病。传染病中包括媒介传播疾病，如疟疾、霍乱、登革热、细螺旋体病、汉坦病毒等；慢性病包括气候相关的腹泻、心脑血管疾病、糖尿病、呼吸系统疾病等。社会经济学数据需体现地区的适应能力。此外，专家评估也可以作为一种替代性方案来解决指标测量精度不够的情况。比如想获取反映某个社区或者乡村层面敏感性或适应能力特征的数据，但缺乏相应数据库或者很难利用模型去捕获具象化的气候或者水文特征时，可以通过专家和相关利益者的参与对指标进行评分和分级，来补充测量或调查结果，常适用于定性研究。

气象数据	流行病学数据	社会经济学数据
·最高温度 ·最低温度 ·平均温度 ·地表温度 ·降水量 ·大气压 ·蒸汽压 ·相对湿度百分比 ·热气流波动 ·利用气候模型来获取气象数据的未来预测结果	·传染病 ·媒介传播疾病，如疟疾、霍乱、登革热、细螺旋体病、汉坦病毒等 ·气候相关慢性病 ·气候相关的腹泻、心脑血管疾病、糖尿病、呼吸系统疾病等	·地区的医疗机构数量 ·人均GDP ·居民受教育程度 ·人均居住面积 ·贫困人口百分比 ·出生期望寿命 ·房屋结构、绿化比例 ·专家评估

图11-4 气候变化健康脆弱性数据来源

标准化以及定义阈值

由于各评价指标具有不同的量纲和数量级。在指标水平相差较大时，直接使用会突出较高数值，削弱较低数值在分析中的作用。因此，对原始数据进行标准化处理，将所定义的指标转化为普遍无量纲的指标方案，能够量化评价指标，保证结果真实可靠，也有助于进一步比较和汇总。对于客观信息（比如累计暴雨天数），将其转化为解释系统脆弱性强度的明确参数，比如转化为 0 ~ 1 （0% ~ 100%），其中"0"表示"不关键、最佳状态"和"1"表示"危急，整个系统功能受到威胁"。对于度量数据，可以采用离差标准化方法。序数以及名义数据类型则需要专家以及利益相关者在特定体系中进行共同开发和探讨。

对各个脆弱性成分指标进行加权和聚合

通过对所有指标进行标准化，我们可以直接对脆弱性每个成分的指标在加权聚合等式中进行算数聚合。当在特定的情景中可以由相应专家根据指标对脆弱性成分贡献力度来判断是否需要进行加权。目前已经发展出一系列的聚合方法，从简单的加权算术平均数到毕达哥拉斯平均数的所有变体，如加权几何平均数或加权调和平均数。对于简单的算术平均数来说，优势是简单且易于解释，而加权几何平均数则具有较低的数值补偿能力，通常在需要应用大量指标的情景下使用。具体应用哪种聚合指标，需要根据实际情景加以判断。

对脆弱性评价结果进行展示

气候相关健康风险脆弱性评估的最后一步则是将上述 6 个步骤产生的数据结果形成脆弱性评估报告进行最终展示，报告的内容包括研究背景、整个评价流程（包含对评价目的、范围、指标筛选的统计学方法等进行详细解释）、最终的脆弱性评价结果及未来的应对策略和计划等。目前，空间可视化技术如GIS技术能够应用于气候变化健康脆弱性评估领域，将不同种类的影响因素进行分类、归纳，直观反映区域脆弱性的空间差异，以不同时空尺度下的气候、社会经济及流行病学脆弱性分布地图的形式加以可视化，从而指导适应政策的制定和资源的分配。

总的来说，在进行气候变化人群健康脆弱性评价时，需要多学科和多方法的整合，根据气候影响健康的途径机制出发，找到早期暴露的标志，建立长期的监测网络，筛选出具有代表性的评价指标，从暴露性（E）、敏感性（S）、适应性（A）3个方面，采用多种综合评价方法来全面评估气候变化导致人群健康风险的脆弱性因素，有针对性地选择相应的干预策略，进而提升整个体系的气候适应力。同时，我国在健康脆弱性评估方面仍面临着诸多挑战，包括脆弱性数据覆盖不全、精准度较差、非及时性、所选取指标缺乏统一标准等，因此在未来的研究和实践过程中，需基于实际情况，采用标准化方法获取完善的高质量的数据或记录，并将当地的减排策略、社会经济以及人口比例等变化纳入考虑，及时更新数据库以及对新的情况进行预测，以此推动脆弱性评估方法的不断完善和发展。

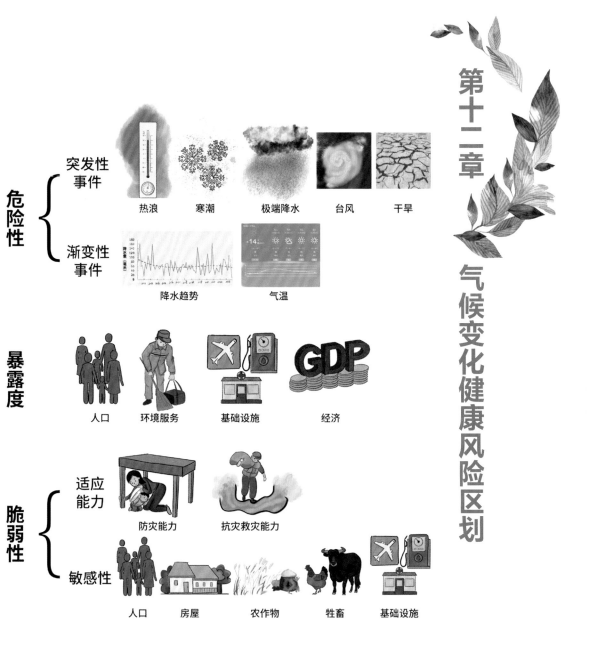

危险性
　突发性事件
　　热浪　寒潮　极端降水　台风　干旱
　渐变性事件
　　降水趋势　气温

暴露度
　人口　环境服务　基础设施　经济
　GDP

脆弱性
　适应能力
　　防灾能力　抗灾救灾能力
　敏感性
　　人口　房屋　农作物　牲畜　基础设施

第十二章　气候变化健康风险区划

第一节　气候变化健康风险区划的组成因素与原则

区划是指研究某种事物在时间和空间上的演变和分布规律，以及对其进行区域划分的过程。它在科学认识、评价和合理优化自然、生态、资源和环境管理方面起着关键作用。在气象和地理领域，区划一直是重要的研究内容。通过从区域的角度观察和研究地理综合体，可以探讨区域单元的形成、发展、差异和相互联系，对过程和类型进行综合研究并进行概括和总结。随着地球气候和环境问题日益突出，许多研究者开始将注意力从最初的气候等自然灾害区划转向灾害风险区划。自然灾害区划是根据过去发生的自然灾害事件，按照自然灾害在时间和空间上的演变和分布规律，对其进行区划的过程。

与灾害区划不同，灾害风险区划是根据某地区在若干年内可能遭受自然灾害的风险程度进行划分。因此，在进行风险区划之前，需要评估单个地区的风险大小。评估风险实际上是为了确定灾害可能对某地区造成的损失，它考虑了风险源的危险性、受灾体的易损性以及受灾体对灾害损害的敏感性。灾害风险区划的目的是更好地了解和管理灾害风险，以便在灾害事件发生前采取适当的措施来减轻损失。通过科学的区划方法，可以更好地了解灾害的分布规律和影响因素，从而为相关部门和决策者提供决策依据，以降低灾害对人类社会和环境造成的影响。

因此，区划在科学研究和管理中起着重要的作用。从最初的自然灾害区划到灾害风险区划，可以通过研究灾害的分布规律和评估风险大小来更好地了解和应对自然灾害。这有助于减轻灾害对人类社会和环境的影响，促进可持续发展。

风险区划的组成因素

　　风险区划，顾名思义是指根据某地区某事件的风险大小进行划分的过程。自然灾害风险的划分通常基于危险性（Risk）、暴露度（Exposure）和脆弱性（Vulnerability）3 个因素，而气候变化健康风险的划分则包括 2 个维度（风险源和承灾体）和 3 个因素（危险性、暴露度及脆弱性），这些因素构成了风险区划理论的基础。下面对各因素进行解释说明。

　　危险性是指风险源本身的危险程度。风险源在气候变化健康风险中主要包括 2 个方面：突发性事件和渐变性事件。突发性事件，例如极端天气气候事件（热浪、寒潮、极端降水、台风、干旱等），具有突然发生和短时间内造成危害的特点。渐变性事件，例如平均气候状况（降水趋势、气温等），这类事件的主要特点是当系统指标超出某个阈值时，会引发系统突变并产生不利影响。因此，对于这类事件，危险性评估需要考虑阈值。危险性的评估可以通过风险源的灾变可能性和变异强度来衡量。风险源的变异强度越大，发生灾变的可能性就越大，该风险源的危险性也就越高。在评估气候变化健康风险的危险性时，可以考虑以极端天气气候事件的频率、强度和持续时间等指标。极端天气气候事件的频率越高、强度越大、持续时间越长，对人体造成潜在的危害也越大。常用的危险性评估方法有专家打分法、叠置分析法等。

　　暴露度是指承灾体所面临的负面影响程度，而承灾体指的是那些可能遭受负面影响的社会经济和资源环境，包括人口、环境服务、基础设施、经济、社会等方面。通常情况下，我们将处在致险因素影响范围内的承灾体数目或价值量作为其暴露度的度量。暴露度是风险的一个必要非充分因素，因为有些承灾体可能暴露在风险之中，但并不脆弱。例如，如果居住在洪水泛滥区的人们通过采取各种措施改变建筑结构和行为方式来减少潜在损失，那么他们的脆弱性就会降低，风险也可能随之降低。在风险区划中，

我们通常使用全国或不同区域的人口、社会经济、资源环境状况等因素来衡量承灾体的暴露度。这些数据可以从统计数据库、空间数据库、地图集、行业的研究等渠道获取。例如，一些研究在评估高温热浪健康风险暴露度时，会利用人口密度来反映承灾体的暴露度，即人口密度越大，意味着暴露度越大，人群面临的健康风险也越大。

脆弱性是指在面临灾害等不利影响时承灾体遭受损害的程度或可能性，即在面对潜在的灾害危害时，由于自然、社会、经济和环境等因素的作用，承灾体所表现出来的物理暴露性、对外部打击的固有敏感性及其相关的人类抗风险能力。脆弱性主要包括承灾体的敏感性和适应能力两方面。敏感性是指承灾体本身的物理特性，决定了其接受一定强度打击后容易受到损失的程度。这取决于承灾体本身的物理特性和灾害类型以及强度，包括人口、房屋、农作物、牲畜、基础设施等的灾损敏感性。适应能力则是指人类防灾减灾能力，包括防灾能力、抗灾救灾能力和灾后重建能力等。在气候变化领域，脆弱性指的是系统易遭受或无能力应对气候变化（包括气候变率和极端天气气候事件）不利影响的程度。

风险区划的原则

自然灾害风险的划分和合并需要在一定的理论准则指导下进行，就是通常所称的区划原则。区划原则是开展区划的工作基础，能对区划指标的选取、区划方法的选择等具有关键指导作用，进行区划需要符合主导因素、系统性、空间连续性、相对一致性、与行政边界相结合的 5 种原则。

主导因素原则

主导因素原则指选取能够表达区域分异的主导因素作为区划的主要根据，一般通过主导标志法来实现的。我国自然环境、社会经济以及人口等因素差异大，呈现明显的空间异质性，不同区域的气候变化与健康风险主导的因素也不同。在区划时无法同时考虑所有的气候变化因子，因此必须选择出具有主导作用的因子作为指标进行区域划分。基于主导因素原则进行气候变化健康风险区划有利于气候变化风险管理与适应的开展。

系统性原则

系统性原则指在区划的规划和实施中，考虑到区划对象或目标的复杂性和相互关系，将其视为一个整体系统，并在此基础上进行综合性的分析、划分和管理。区域内的气候变化风险并不是所有风险事件的简单求和，而是由这些事件之间相互作用、相互联系而构成的一个整体，单个因素的改变可能会引起其他要素随之改变，进而影响到整个系统的演变。同时，气候变化风险的发生、管理等涉及自然、经济及社会多个系统，因此，要从系统性和整体性的角度出发，全面认识和理解气候变化健康风险的发生发展规律。

空间连续性原则

空间连续性原则又名区域共轭性原则，指区划所划分出来的区域必须是具有个体性的、区域上完整的自然区域，要求所划分的区域作为个体保持空间连续性，不可分离也不可重复。空间连续性原则对于自下而上合并

的区域划分具有重要意义。根据空间连续性原则,当 2 个风险要素和风险
等级一致的地区存在空间彼此分离的状况,则这 2 个地区不可划分成为同
一风险类型区。

相对一致性原则

相对一致性原则,指任一风险区域单位内,划分风险防范区域所依据
的要素是相对一致的,要求区内的相似性尽可能大,区际之间的差异性也
尽可能大。因此,在进行区划时,尽可能保证不同区域间要素的差异最大
化以及同个区域内的要素相似性最大化。

与行政边界相结合的原则

与行政边界相结合的原则,指在不影响或最小程度影响区划的主要自
然、经济和社会因素的前提下,基本上保持行政界线的完整性。为了进一
步划分横跨不同行政单元的区域,在划分过程中叠加了行政单元的界线;
同时,将靠近行政边界的风险区界线替换为行政边界。这是因为气候变化
健康风险区划需要为区域风险管理和适应提供决策支持,而各级行政单元
是风险管理和适应工作的基础。因此,这一原则的目的是在一定程度上牺
牲分区的客观性,以换取风险管理的可行性和适应气候变化工作的合理性。

第二节 气候变化健康风险区划的思路 与方法

风险区划的思路

常用的区划思路主要包含"自上而下""自下而上"以及两者相结合
的思路。

　　"自上而下"的区划思路是指从宏观角度出发，根据某些区划指标，先划分最高级别的区域单元，然后根据相关因素的差异将已划分的高级别单元再次划分为较低级别的单元，如此循环直到划分到最低级别的区域单元。这种思路通常适用于大范围内的区划工作。它着眼全局，保证了风险区划的合理性和真实性，能够在一定程度上避免"自下而上"过程可能出现的跨区合并问题。然而，"自上而下"划定的界线可能相对模糊，同时对于继续划分到更低级别的单位时，界线的科学性和客观性值得怀疑。

　　"自下而上"的区划思路主要依据区域的共轭性原则，强调从部分到整体，即通过分析最小单元指标，首先合并出最低级的区划单位，然后在低级区划单位的基础上逐渐合并出较高基本的单位，最终得出最高级别的区划单位。这种思路通常适用于小范围内的区划工作。"自下而上"能够提供较为准确的区划界线，但在合并区域时有可能产生跨区合并的错误。

　　"自上而下"的区划思路适合全国范围层面的区划工作，而"自下而上"的区划思路适合小范围层面的区划工作。因此，将两种区划思路结合起来进行区划，就能形成一个有机的层次系统。通过进行"自下而上"的区划，能得到较为准确的区划界线，通过"自上而下"能避免跨区合并带来的问题。

风险区划的方法

　　想要基于上述区划思路进行区域划分，通常需要借助科学合理的区划方法，以实现区内差异最小、区间差异最大的目标。根据区划方法的量化与否，可以分为定性方法和定量方法。定性方法包括专家经验法、德尔菲法、古地理法等。这些方法不需要基于过多的数据即可实现分区，更依赖专家对区域的认知。但由于依赖于专家判断，因此定性方法可能存在主观判断的偏差。此外，定性方法没有对风险区划的结果进行有效检验，只是将方法套用在不同的地区，无法验证所使用的方法是否符合该地区。定量方法包括主成分法、聚类分析法、加权重叠法、判别分析法等。随着技术发展，近年来又延伸出了机器学习、深度学习、大数据挖掘等新方法。定量方法的优点在于利用数学模型建立关系，可以确保区划结果的客观性。然而，定量研究需要大量且准确的数据支持建模过程，当数据较少时，区划结果可能不那么可靠。

耦合健康的气候变化风险区划

上述基于灾害风险的区划概念和分析方法已经在国际上得到普遍应用，且较为成熟。近年来，国内也有学者利用这一概念对全球变化背景下的气象灾害风险区划展开研究。例如，有学者基于我国江苏省的城市气象水文、基础地理信息、社会经济以及灾害等数据，通过分析洪涝、干旱、高温热浪和低温寒潮等气象灾害的致灾因子、孕灾环境因子、承灾体易损性因子和防灾减灾因子等指标，建立了风险评估模型，进而对气象灾害进行风险评价、特征识别与区划。一项国内的研究提出了中国综合气候变化风险区划方案，将我国划分出 8 个气候变化敏感区、19 个极端事件危险区和 46 个承灾体综合风险区（吴绍洪 等，2017）。另外还有研究发现，我国风险区划结果与致灾因子危险性分布一致，对于反映气象灾害的区域性差异以及对防灾减灾主体进行精准化预报以降低灾害影响而言，具有重要意义（史培军 等，2014）。

气候变化作用于自然环境与社会经济系统，产生一系列广泛深远的影响。

第十三章　粤港澳大湾区气候变化健康风险与应对实践

第一节 气候变化对粤港澳大湾区人群健康的影响与风险

气温变化的影响

气温变化的影响包括日平均气温变化的影响和气温日较差的影响。研究表明，粤港澳大湾区日平均气温与死亡之间呈"U"形关系，这说明气温和死亡的关系是非线性的，在某一气温阈值时死亡风险最低，日平均气温高于或低于气温阈值均导致人群死亡风险增加。但不同城市，死亡风险最低时的气温阈值，以及气温每增加或降低 1℃时，人群的死亡风险大小不一。广州死亡风险最低的日平均气温是 26.4℃，当日平均气温高于 26.4℃时，气温每升高 1℃，广州全死因人群死亡率累计上升 1.9%；当日平均气温低于 26.4℃时，气温每下降 1℃，广州全死因人群死亡率累计上升 1.2%（杨军 等，2012）。香港死亡风险最低的日平均气温是 28.2℃，当日平均气温高于 28.2℃时，气温每升高 1℃，香港全死因人群死亡率累计上升 1.8%（Chan et al., 2012）。日平均气温高于或低于气温阈值时，不同死因的死亡风险也不一样，因心血管疾病死亡风险增加更高。进一步研究表明，广州心血管事件当天的发病人数与当天的气温呈显著的负相关。冷热效应健康影响时长不同。高于气温阈值的热效应对死亡的影响急促短暂，相对危险度一般在当天到达高峰，其影响通常持续 4 天左右消失，而低于气温阈值的冷效应缓慢持久，在第 2～3 天达到最大，但其影响持续的时间可长达 2 周或以上（杨军 等，2012）。因此，高温预警要早，行动要迅速，而对低温的防范措施要延续两周或更长时间，不应随着低温结束立即停止。香港的研究也表明，夏季（5—9 月）与中暑有关的死亡只在日最高净有效气温（NET）超过 26 时出现，当 NET 在 26 以上时，NET

净有效气温（(Net Effective Temperature，NET)，一个结合气温、相对湿度及风速的热力指数。

每增加 1 单位，人群中每日平均中暑死亡率增加 1 倍；而在冬季（11—3 月），与低温症有关的死亡只在日最低 NET 在 14 或以下时出现。当日最低 NET 在 14 以下时，NET 每下降 1 单位，低温症引起的死亡率增加 30%（Leung et al., 2008）。

气温日较差是指同一天内最高气温与最低气温的差值。极大、极小的日较差对居民死亡率均有重要影响。日较差大，气温在一天内的变幅大，人体难以适应骤然增温、降温，会引起身体不适。日较差小，气温在一天内稳定在人体的一个临界高温或低温值上，人体热或冷应激不能缓解，进而导致身体不适。广州地区研究发现，低日较差和高日较差都与人群死亡率的上升有关联，但低日较差的急性效应更明显。在冷季（11 月至次年 4 月），日较差对所有类型死亡的累积效应随着滞后天数的增加而增加，高日较差的累积效应强于低日较差。在热季（5—10 月），低日较差的累积效应随着滞后天数的增加而增加，高日较差的效应在滞后 13 天（脑血管疾病滞后 6 天）时最大，之后开始下降（Luo et al., 2013）。在香港分析了日温差与居民心脑血管病死亡率的关系， 发现日温差的波动在大于65 岁年龄组人群中的健康效应最为显著（Tam et al.，2009）。20 世纪50 年代以来，粤港澳大湾区气温日较差呈显著的减小趋势，而且冬季减少幅度更为明显（陈铁喜 等，2007），气候变化使人们被迫改变习惯适应已经发生和将要发生变化的气候。未来大湾区也将处于人口快速老龄化时期，如广东 2050 年老龄化程度将由 2000 年的 14.8% 上升到 23.7%，60 岁及以上老年人口是 2000 年的 3.5 倍，这将导致更大的脆弱人群（王土贵，2011）。

热浪的影响

热浪是指持续性的高温酷热天气。监测资料显示，1961—2010 年，粤港澳大湾区日最高气温 ≥ 35℃的高温日数以 1.1 天 /10 年的速率显著增加，1998 年以来高温日数增加的速率更快，其中有 6 年的高温日数大于20 天（Du et al.，2013）。热浪不仅易引起居民中暑死亡，还使人们出现失眠、疲劳、疾病加重等。2004 年 6 月底至 7 月初的热浪导致广州市 39人因高温中暑死亡（陈新光 等，2007）。2003 年夏季热浪期间，广州市居民中暑率、失眠率、疲劳症状发生率和疾病加重发生率分别为 21.6%、21.6%、21.0% 和 5.0%（程义斌 等，2009），2006—2011 年热浪期间，广州住院人数比非热浪时期增加 2.6%（刘苑婷 等，2015）。其中，老年人、孕妇、儿童及一些慢性病患者，由于热调节机能较差，对热应力更敏感，所以更易受高温热浪的影响（曾韦霖，2013）。广东省北部内陆地区人群对高温热浪的脆弱性高于南部沿海地区（Zhu et al.，2014；罗晓玲 等，2016）。不同时间的热浪效应存在差别，以夏季早期的热浪影响较为明显，因为人群对热的适应能力在夏季开始时比较低（Alberdi et al.，1998；刘建军 等，2008）。此外，寿命损失年（years of life lost，YLL）是一种衡量疾病负担的指标，它综合考虑死亡发生时的年龄与期望寿命。研究发现，广州高温时，气温每上升 1℃由非意外死亡、心血管和呼吸系统疾病造成的 YLL 分别上升 12.71、4.81 和 2.81 年（Yang et al.，2015）。未来热浪的影响在粤港澳大湾区可能更为严重。未来气候变化将可能导致更加频繁、更加强烈、更长持续时间的热浪（黄晓莹 等，2008），从而增加热相关疾病和死亡。由于热岛效应，大湾区城市群的热浪不仅强烈而且持续时间长，而持续时间比瞬时最高气温对死亡率的影响更大。大湾区热浪的增多和增强，将会增加用于空调降温的电力需求，这又增加了来自电厂的空气污染和温室气体排放。热浪还常常伴随着一段时间的空气静稳，从而导致空气污染和健康影响的加重。

寒潮的影响

寒潮是一种大型天气过程，对人群健康的影响有直接导致损伤及疾病发生，也有间接作用而诱发疾病及死亡发生。在全球气候变暖背景下，粤港澳大湾区寒潮次数虽呈减少趋势，但年际、年代际变化明显（伍红雨 等，2010），意外的强寒潮却不时出现。20 世纪 90 年代以来湾区共发生了 5 次强寒潮，占 50 年代以来强寒潮次数的 62.5%（杜尧东 等，2004）。2008 年初，一场罕见的强寒潮袭击了我国南方地区（国家气候中心，2008），对居民健康造成了巨大影响。据估计，本次寒潮期间中国亚热带地区的死亡率较同期增长 43.8%，造成约 14.8 万人的超额死亡，而且对华南华中影响最大（Zhou et al.，2014）。与 2006 年、2007 年和 2009 年同期相比，2008 年寒潮期间，广东省内广州、南雄和台山 3 个城市居民非意外死亡和呼吸系统疾病死亡的风险明显增加，依次为 43%、52%、35%，寒潮对人群死亡的影响一直持续到寒潮结束后 4 个星期。寒潮对呼吸系统疾病的影响最明显，75 岁以上老人是寒潮的脆弱人群（Xie et al.，

2013）。预估表明，未来我国南方地区低温日数整体将减少，但在广东和广西北部部分地区连续低温日数有增加现象（宋瑞艳 等，2008）。连续低温日数的增加可能对当地居民的健康造成直接或间接影响。

空气质量下降的影响

空气质量的下降主要是由于灰霾天气的增多和 O_3 浓度的增加。霾天气是指能见度小于 10.0 千米，排除降水、沙尘暴、扬沙、浮尘、烟雾、吹雪、雪暴等天气现象造成的视程障碍，相对湿度小于 80% 时，判识为霾。华南地区将受到人类活动显著影响的霾称为灰霾（中国气象局，2010）。1961 年以来，大湾区年灰霾日数以 6.3 天 /10 年的速率显著上升，2000年之后，年平均霾日数在 30 天以上（Du et al.，2013）。霾发生时，细粒子浓度升高，大量极细微的干性尘粒、烟粒、盐粒等均匀地悬浮在空气中，易诱发上呼吸道感染、哮喘、结膜炎、支气管炎、眼和喉部刺激、咳嗽、呼吸困难、鼻塞流鼻涕、皮疹、心血管系统紊乱等症状，以及容易出现抑郁、窒闷，情绪低落，烦躁不安，直接影响到人体的生理和心理健康（白志鹏 等，2006）。广州地区的研究发现，灰霾天时，心血管疾病门诊病人数显著增加，广州、深圳医院的数据显示，灰霾中的大气污染物如 PM_{10} 与人群心脑血管疾病死亡病例数、住院数有显著的正相关性，当空气中 PM_{10} 的浓度升高时，心脑血管疾病每日死亡人数增加（殷文军 等，2009a；殷文军 等，2009b）。此外，广州市 1954—2005 年的灰霾数据和肺癌死亡率的研究表明，灰霾天气与肺癌死亡率有关，且灰霾对肺癌死亡率的滞后效应在 7年后达到最强（Tie et al.，2009）。由于灰霾影响的复杂性，科学家迄今仍不清楚气候变化是否会加重或减轻灰霾。由于降水可以清除空气中的颗粒物，因此降水增加可能会减轻灰霾。风场减弱可能削弱大气污染物的输送和扩散能力（吴兑 等，2008），台风的登陆对污染物的扩散和清除有促进作用（赵强 等，2008），森林火灾可以增加大气中的颗粒物（Jacobson et al.，2006），未来气候变化可能导致东亚季风强度和区域风场减弱，使我国热带气旋个数减少（吴蔚等，2011）和森林大火增多（Jacob et al.，2009），这可能会导致大湾区灰霾影响的加剧。

O_3 是由 O_2、氮氧化物及挥发性有机物在阳光作用下发生光化学反应形成，是光化学烟雾的主要成分（刘峰 等，2008）。监测资料显示，2006—2019 年，珠三角地区 O_3 浓度以每年 0.8 微克 / 米 ^{3} 的速率显著上升（赵伟 等，2021）。O_3 能刺激眼睛、鼻和咽喉，在高水平时会增加人体感染呼吸系统疾病的机会，亦可令呼吸系统疾病 （如哮喘病等） 患者的病情恶化，且对心血管疾病有明显影响。深圳市的研究发现，O_3 与人群心血管疾病住院病人数有显著的正相关性，相关系数为 0.658（殷文军 等，2009a）。进一步研究表明，在气温较低（<25% 分位数日均气温）或在冷季（11 月至次年 4 月）时，气温与 O_3 对广州居民死亡率的影响具有交

互作用，随着 O_3 浓度的增加，居民死亡的风险显著增加（包括当日效应和累积效应）（Liu et al.，2013）。O_3 生成与前体物（氮氧化物和挥发性有机物）呈显著的非线性关系（唐孝炎 等，2006），气候变化可以通过改变 O_3 前体物浓度进而影响 O_3 生成。未来气候变暖将会促使生物排放更多的挥发性有机物，可能会加重 O_3 污染（Liao et al.，2007）。观测研究表明，地表 O_3 浓度与当地气温之间存在着明显的正相关关系，因此气温升高可能会加重 O_3 污染（Bernard et al.，2001）。

气候敏感型疾病的影响

在粤港澳大湾区，气候敏感型疾病主要包括疟疾和登革热。疟疾在大湾区原已被消灭或控制，但环境和气候的变化、人口流动的增加导致近年来输入性疟疾的暴发流行，在我国南方的一些山区，疟疾向高海拔地区蔓延（银朗月 等，2011）。气候变暖将增加疟疾传播潜势，延长流行季节。当气温升高 1 ~ 2℃时，大湾区微小按蚊地区间日疟传播潜势可增加 0.39 ~ 0.91 倍，恶性疟传播潜势可增加 0.60 ~ 1.40 倍，当气温上升 1℃时，疟疾传播季节可延长约 1 个月，当气温上升 2℃时，传播季节可延长约 2 个月。气候变暖使沿海及沿江地区遭受洪水机会增大。洪水过后，媒介孳生地扩大，湿度增高，蚊虫密度迅速上升，寿命延长，且灾民通常较集中，生活条件及防蚊条件差，致使疟疾发病率迅速上升。全球气候变暖，夏季时间和高温时间延长，居民露宿现象相应增加，造成人、蚊接触增多，疟疾流行程度加重（杨坤 等，2006）。

由于冰冻或持续寒冷天气会杀死成蚊、过冬的虫卵和幼虫，登革热病毒在北纬 30° 和南纬 20° 之间的热带地区传播。1978 年以来，大湾区多次局地暴发了登革热（吴德仁 等，2009）。1986 年以前，位于海南省南部的三亚市已基本具备登革热终年流行的气温条件，1986 年以后，三亚市已完全具备登革热终年流行的气温条件（俞善贤 等，2005）。气温突变增温后（1997—2012 年）华南地区全年适于登革热传播的日数、终年流行区面积分别较突变增温前（1961—1996 年）增加了 10 天和 408 千米^2（杜尧东 等，2015），研究表明，全球气温每升高 1℃，登革热的潜在传染危险将增加 31‰～ 47‰（Hales et al.，2002）。与 1997—2012 年平均值相比，2013—2040 年、2041—2070 年和 2071—2100 年华南地区全年平均适于登革热传播流行的日数在 RCP4.5 情景下分别增加 10 天、15 天和 20 天左右，RCP8.5 情景下分别增加 15 天、25 天和 40 天左右，终年流行区面积在 RCP4.5 情景下分别增加 3962 千米^2、5436 千米^2 和 8260 千米^2，RCP8.5 情景下分别增加 4536 千米^2、8780 千米^2 和 20 680 千米^2（杜尧东 等，2015）。

新发传染病的影响

在粤港澳大湾区，新发传染病的影响主要包括 SARS 和禽流感。广州大气环境因素与 SARS 疫情短期变化关系的研究表明，SARS 疫情的短期涨落和大气环境变化有相同的周期性，优势周期为 3 ～ 5 天，并且 SARS 和大气环境变量的涨落有显著的相关性。广州每日 SARS 新增病例数的涨落与前期气温要素（平均气温、最高气温、最低气温、气温日较差）呈显著负相关，即气温下降、气温日较差减小对后期 SARS 病例增加有作用。风速也与 SARS 呈显著正相关。SARS 疫情还与前期污染物浓度变化有明显反相位关系，但反相位关系只是冷空气引起的，因为冷空气到达时北风加大，可冲淡大气污染物的浓度。这些均说明冷空气活动有加重疫情的作用。例如，2003 年，在冷空气来临前的 1 月 31 日广州平均气温高达19℃，2 月 3 日一股强冷空气影响广州，日平均气温降到 11℃，2 月 8 日 SARS 大规模暴发。冷空气来临时，首先气温骤降，剧变天气使人群免疫力下降，SARS 病毒乘虚而入；其次，风力加大，有利病毒扩散；再次，冷空气带来雨水和寒冷，人们室内活动时间增多，增加了封闭空间中感染 SARS 的机会。这些环境条件使人体感染 SARS 病毒和发病的机会增加（冯业荣 等，2005）。在香港的研究也表明，SARS 暴发与气温参数呈负相关，与气压参数呈正相关，SARS 暴发前后均有明显冷空气活动（杨智聪 等，2003；Bi et al.，2007；张强 等，2004）。

研究发现，在 2004 年 1 月中旬至 2 月上旬禽流感高发期，广州地区呈现出低温高湿的气候特点，说明低温高湿的气象条件对该地区禽流感的发生和传播非常有利。而 2004 年 2 月中旬以后广州地区气温回升、光照充足的气象条件则抑制了禽流感的传播（范伶俐，2005）。气候变暖可能助力禽流感传播。在禽流感的传播过程中，气候因素肯定起作用。候鸟已成为禽流感病毒的主要病媒，而候鸟的生活习性与气候息息相关。世界卫生组织和我国卫生部均指出，禽流感病毒对热和紫外线敏感。我国 97%的人禽流感的个例都发生在亚热带季风区，很可能与这一地区的气候特点有关。禽流感病毒最适宜传播气温为 10 ～ 20℃（张庆阳 等，2007）。

第二节　粤港澳大湾区应对气候变化健康风险的实践

逐步建立协调工作机制

2011 年，粤港应对气候变化联络协调小组在粤港合作联席会议之下成立，联络协调小组下设减缓气候变化、适应气候变化两个专责工作小组，分别负责两地减缓、适应气候变化合作交流，协调粤港减缓、适应气候变化的活动和措施，推进相关的科学研究和技术开发。2015 年以来，评估气候变化对流感风险的影响连续写入适应气候变化合作计划，粤港双方持续开展流感样病例、气象和环境数据收集，加强健康相关数据共享，开展有关流感活跃度的气候预报预警示范。广东省气象局与广东省卫生健康委员会签订合作协议，共同研判气候变化健康风险，建立联合会商、信息发布和宣传机制。成立广东省气象学会健康气象专业委员会（图 13-1），凝聚社会各方力量，搭建健康气象技术交流与合作平台。

图 13-1　广东省气象学会健康气象专业委员会成立大会合影

不断完善相关政策法规

2011 年 1 月，广东省政府印发实施《广东省应对气候变化方案》，提出完善气候变化与人体健康联动的监测系统、完善气候变化导致的突发卫生事件的应急处置、提高公众健康适应气候变化能力，降低气候变化对人体健康的危害。出台《广东省应对气候变化"十二五"规划》《广东省应对气候变化"十三五"规划》《广东省应对气候变化"十四五"专项规划》，明确构建气候变化对人体健康影响的防控机制，加快气候变化环境健康与公共卫生事业发展，完善应对极端天气气候事件和气候危机的公共卫生应急预案，提高全民应对极端天气气候事件的应急防护技能。

积极开展健康科学研究

广东省已有广东省气候中心、广东省疾病预防控制中心、中山大学、暨南大学、南方医科大学等一批气候变化健康风险研究机构。承担了一批国家科技支撑计划、国家自然科学基金、中国气象局气候变化专项、省科技计划项目和广东省低碳发展专项基金项目等。初步揭示了气候变化影响传染性疾病的动态时空传播机制，辨识了与广东极端天气气候事件相关的敏感性疾病及特征，确定了对人群造成的疾病负担，识别广东受气候变化影响的脆弱人群特征以及区域响应差异。建立了典型气候变化或极端事件与健康关系模型，包括基于城市街道尺度的高温热浪与心脑血管疾病死亡风险的脆弱性模型、气候变暖引起登革热流行的人与蚊媒耦合传播动力学模型，研发了导致区域健康风险的极端降水和温度事件早期先兆信号的识别方法和捕捉技术。

不断丰富健康预警产品

深圳发布了流感指数、登革热风险指数、高温热浪健康风险指数、感染性腹泻易感指数、手足口病风险指数等 7 类疾病指数预警（图 13-2），每周预报下一周的疾病风险，并通过海报、短视频等方式，线上、线下一起针对 7 类疾病的相应级别，给出健康提醒。建立了广东省登革热预警系统（图 13-3），可实时展示广东省登革热疫情和相关影响因素的时空分布，预测未来 4 ～ 8 周登革热的流行趋势和风险。该系统已经在广东省各市进行部署，在多次局地登单热暴发流行防控中发挥了重要作用。建立的广东省智慧化多点触发疾病防控预警系统，通过改进不明原因疾病和异常健康事件监测模式，实现从被动监测向主动监测发展，并同步健全多渠道监测预警机制，打通卫生健康、公安、海关、市场监管、交通运输等相关行业系统的壁垒，建立多途径、多维度、多节点监测数据汇聚渠道，实现多渠道信息关联预警，大大提升了疾病监测的广度、智慧化程度和实战应用程度。

图 13-2　深圳市流感、登革热风险指数预警

图 13-3　广东省登革热预警系统

持续增强医疗系统韧性

广东省委、省政府坚持以人民为中心，把人民健康放在优先发展的战略地位，全面提升广东医疗卫生服务能力。持续推进区域平衡协调发展，基本建立分级诊疗制度；加快建设高水平医院，增加优质医疗卫生资源供给；不断加强"三医"联动，增强医改整体性、系统性、协同性；不断完善重大疾病联防联控机制，筑牢公共卫生安全"大堤"；深入推进健康广东行动，提升居民健康素养。医疗卫生体系经受住了新冠病毒感染疫情重大考验，广东居民人均预期寿命从 2015 年的 77.1 岁提高到 2020 年的 78.4 岁，主要健康指标基本达到高收入国家水平，个人卫生支出占卫生总费用的比重稳定在 26% 左右，人民群众看病就医负担进一步减轻。广东省于 2020 年 12 月启动实施了公共卫生防控救治能力建设三年行动计划，着力构建分级、分层、分流的传染病救治网络，集中力量加强各级传染病救治能力建设，重点提高平战结合能力。

加快推进健康科普行动

健全健康科普工作机制，建设健康主题公园和中医药文化科普实践基地，开展主题活动，推进健康促进示范区创建；开通抖音号、视频号，与广播电视台、电台联合开办健康专题、专栏节目，开展健康教育、咨询等，利用农村大喇叭播放健康公益广告、健康提示音频等，利用公交、商场、楼宇显示屏等广告平台进行健康科普公益宣传，提升健康科普成效；组建健康科普专家团队、健康宣传义诊队、"五老"志愿者队伍等，深入社区、学校等开展健康科普活动。

广泛开展国际合作交流

广东省公共卫生研究院、广东省气候中心与英、瑞士联合开展"广东省气候灾害风险与健康风险评估及适应对策研究"项目合作研究。广东省科学技术协会、中山大学、广东省气象学会共同举办多届"一带一路"气候变化与健康应对高峰论坛，来自美国、英国、瑞典、意大利、澳大利亚、印度尼西亚、菲律宾、越南、孟加拉国、尼泊尔、韩国、日本等国家的顶级专家齐聚一堂，对气候变化与健康应对的前沿及热点问题、共同大气环境下的人群健康、气候变化的健康风险应对等主题进行深入交流讨论。论坛搭建了良好的国际学术交流平台，深化了各国学者在气候变化与健康研究领域的理解与共识，为推进全球气候变化应对和新时代人类命运共同体的构建贡献中国方案、广东力量。

第三节　进一步提升粤港澳大湾区应对气候变化健康风险的建议

完善气候变化适应性立法

　　强化健康适应在整体策略中的优先性，进一步完善现有组织架构和协调机制，明确各部门职责分工，设置目标责任和法律责任，构建由国家综合主导、地方推进实施、社会各方共同参与的多级适应框架体系，编制公共卫生适应气候变化规划。明确公共卫生领域适应气候变化的具体目标、基本原则、重点任务和政策措施，为实施健康中国战略提供决策支撑。

加强健康适应科学研究与技术推广

　　充分利用物联网、云计算等数字技术，完善国家级气候敏感性疾病健康监测网络，建立大数据中心，阐明气候变化与"全健康"风险关联。借助人工气候舱、数值模拟等手段，开展气候 – 环境 – 经济社会健康影响交互作用研究。构建预测预警模型，完善人群健康气候早期预警系统，加大人群健康气候预警信息发布的提前量，强化影响研判、预警会商、信息发布和响应联动。探索不同区域健康适应技术体系，继续推动科研合作和国际交流，促进国家间和多学科间交叉技术创新发展和应用。

有效保护敏感人群

根据大多数研究的结论，气候变化的易感人群是老年人、儿童、女性、患基础疾病和社会经济地位较低者。有关部门要针对脆弱群体精准实施健康教育和健康促进，加强对敏感人群的保护，提高全人群气候变化健康素养。

积极倡导绿色低碳生产生活方式

科学研究表明，人类活动造成的大气中 CO_2 等温室气体浓度增加是全球变暖的主要原因。减少 CO_2 等温室气体排放，无疑是延缓气候变暖和降低气候变化健康风险的重要举措。积极稳妥推进碳达峰、碳中和工作，实现碳达峰、碳中和与经济发展齐头并进，与环境治理、生态保护协同增效。

第十四章 湖北气候变化健康风险与应对实践

　　湖北位于中国中部，处于南北气候过渡地带和气候变化敏感区域，冬季冷、夏天热、春秋气温变幅大，雨量充沛，降水变率大，旱涝灾害频繁，人体健康对气候变化敏感脆弱。近 60 多年来全省气候系统持续变暖，呈现出平均气温显著上升、极端高温和降水事件偏多等特征，近年来还出现冬季雾、霾频发，夏季洪涝、伏秋连旱等极端天气气候事件。高温闷热、冷暖空气活动频繁，气象条件变化剧烈，若人机体不能及时调节平衡或外界的刺激超过人的适应能力时，就会引发各种疾病甚至危及生命。公共卫生健康安全与气象密切相关，人类健康受到天气和气候变化的深刻影响。近年来，湖北省呼吸系统疾病、心脑血管疾病发病率呈上升态势，同时以血吸虫病为主的媒介传播疾病还没有得到根本遏制。为此湖北省气象局深入贯彻落实省委省政府关于建设健康湖北、打造疾控体系改革和公共卫生体系建设"湖北样板"的战略部署，围绕人民群众生命健康气象服务需求，建立卫生与气象合作联动机制，加强健康气象基础研究，开展疾病气象风险预警预报服务，保障人民群众健康和公共卫生安全。

第一节　建立部门合作机制，推进健康气象工作

　　健康气象（医学气象）是介于医学和气象学之间的边缘交叉学科，卫生健康和气象部门密切合作、配合、取长补短是做好这项工作的关键。

建立部门联动机制

　　2007 年，湖北省气象局与湖北省卫生厅签订了"应对气象条件引发公共卫生安全问题的合作协议"。新冠疫情发生后，为全方位全周期保障人民健康，双方决定深化卫生健康管理与气象监测预报预警服务联动合作，

在 2022 年 2 月又签订了新的战略合作协议，重点在信息共享、联合会商、科研合作、产品研发、公共服务等方面深化合作，提高突发公共卫生事件应对处置效能和基于天气气候的疾病预警预报能力，保障人民群众健康和公共卫生安全。省卫生健康委卫生应急管理办公室与省气象局应急与减灾处为双方日常合作联系的牵头部门，武汉区域气候中心和省疾控中心等作为业务服务、科研合作、产品研发的牵头单位。

建立信息共享机制

准确规范有代表性的病例资料是开展医学气象研究的基础，双方制定数据信息共享清单，推进了湖北省突发事件预警信息发布系统接入湖北省公共卫生应急决策指挥系统，实现全省天气气候和气象灾害预警预报信息、典型疾病发病风险预测评估信息与省卫生健康委监测信息共享显示应用，为应急处置提供信息支撑。并且共享了 2009—2020 年湖北省内 18 家哨点医院流感样病例、2014—2019 年武汉市心脑血管疾病日发病数和死亡数、2017—2022 年湖北中暑以及 2010—2019 年同济、中南等医院呼吸道、心脑血管疾病历史数据。

建立应急联动机制

气象局做好公共卫生突发事件应急气象保障服务，卫生健康委做好气象灾害卫生应急响应措施，双方联合开展汛前应急培训，卫生健康委参加气象部门汛前联络员会议。如 2020 年疫情期间，建设雷神山医院、火神山医院气象综合监测系统和大气电场监测网，气象部门向全省卫生健康部门 800 多名防疫责任人、发热定点收治医院、方舱医院、集中隔离医学观察点和援鄂医疗队提供定点定时定量的直通式、精细化实况和预报服务，制作发布《新型肺炎疫情防控气象服务专报》150 期。特别是 2 月 14 日

强寒潮天气预报服务效果明显，气象部门启动寒潮Ⅲ级应急响应，各级卫健部门高度重视加强防范，各医疗机构和隔离点加强了棉被、电热毯、羽绒服和取暖器等生活物资储备，提前做好了病患和医疗人员御寒措施，助力疫情防控工作平稳有序开展。2020年暴雨洪涝发生期间省卫生健康及时做好肠道疾病、血吸虫病等的预防。

联合开展疾病气象风险预警预报服务

根据气象条件对天气气候高敏感典型疾病的影响规律和前期的研究成果，联合制定高温中暑、呼吸道疾病、心脑血管疾病等气候敏感性疾病风险预警预报的等级、流程和方式，建立双方之间的信息推送、会商分析和联合发布制度。针对气象高敏感疾病防御需求，建成公众健康指数预报系统，每日制作人体舒适度、感冒指数、紫外线指数、穿衣指数等10余种健康气象指数，通过多种媒体广泛发布。向省委省政府、九三学社等党政和提案部门报送健康气象决策服务材料4份，有2份获得省委书记、副省长等领导批示，决策材料《省气象局、省卫生计生委建议：加大气候变暖背景下血吸虫病防控力度》获时任省委书记李鸿忠重要批示，并获得湖北省科协2015年度国家级科技思想库（湖北）优秀决策咨询成果一等奖，提出的"冬前清除杂草，可降低湖沼地区地面温度，能从物理上起到较好的灭螺效果"的措施被疾控中心采纳，减少药物灭螺及血吸虫病治疗等经费支出。2020年梅雨期间，根据当时预测预报信息及时编写了《极端气候利于血吸虫病传播　务必加强防控》的决策材料，提出了血吸虫防控措施建议，得到时任副省长杨云彦的批示，加强了高风险区和重点人群的重点防治。

2022年以来，就呼吸道、心血管、高温中暑制作了5期湖北健康气象服务产品，2022年8月湖北省气象局和湖北省卫生健康委首次联合发布高温中暑气象风险预警2期（图14-1），划定高风险区域，提醒政府提前采取措施、公众做好高温中暑和热射病防范，并且通过各大媒体、网络（省政府网站、省委宣传部"湖北发布"微信公众号）、"湖北气象"

图14-1　2022年8月12日发布的首期高温中暑气象风险预警被省政府网站刊登

和"健康湖北"微信公众号发布。由于预警信息的发布及时，得到公众关注，尽管第二波高温强度比第一波更强，但日均中暑人数较第一波有所下降，一定程度降低高温带来的健康风险，取得了良好的服务效益。2022 年 11 月以来双方联合发布流感和心血管气象风险预警 3 期。

联合开展科研和项目合作

近年来与省卫生健康委的疾控中心，以及同济、协和、中南、省中医等医院开展交叉融合创新研究，在湖北省气象学会设立了医学气象专业委员会，先后联合承担了卫生部科技项目、中国气象局气候变化专项和科技创新专项、国家自然科学基金、湖北省低碳专项等 15 个项目，开展呼吸道、心脑血管、高温中暑、血吸虫病等疾病与气象条件关系研究，取得了一些初步成果，为实施公共卫生风险早期预警提供了科技支撑。发表相关论文 30 余篇，取得科研成果 10 余项，出版专著 2 本，制定湖北省地方标准 1 项，其中《气象因素与儿童哮喘辩证论治的相关性研究》项目获武汉市科技进步三等奖。湖北省气象局 2 名专家入选中国气象学会医学气象专委会，1 人入选全国高温中暑协作组成员及湖北省公共卫生应急专家，1 人入选国家寄生虫资源库钉螺与血吸虫保藏基地专家委员会。

第二节　气候变化背景下湖北主要气候敏感性疾病和气象条件的关系

高温热浪对人体健康的影响

高温热浪对人体健康的影响可分为直接影响和间接影响。直接影响是高温直接引起热相关疾病的发生与死亡，如中暑、热衰竭、热射病等。间接影响包括对媒介传染病的影响和高温热浪期间一些慢性疾病及精神疾病的发病率与死亡率的上升，特别是加速呼吸系统、消化系统及心血管疾病等的发病。热浪对死亡的影响存在阈值，当气温超过这个阈值后，就会对人群的死亡造成影响，产生超额死亡。研究表明，在 2008—2017 十年间，约 1.3 万 ~ 2.0 万起美国成年人死亡案例与极端高温天气相关（Khatana et al.，2022）；2003 年热浪袭击了欧洲的法国、意大利等国，造成数以万计人员死亡。湖北省高温日数、高温热浪指数均呈上升趋势。湖北夏季高温主要以"闷热型"高温天气为主，空气湿度大，风速小，昼夜温差小，中暑现象也较为严重。7—8 月份是中暑发生的关键期，而 6 月、9 月中暑情况频繁与气候变化导致的夏热提前、后延有着密切关系。付文娟等（2020）研究发现，2009—2017 年武汉市不同年龄、性别人群皆可发生中暑，中暑患者男性发病率高于女性，40 ~ 59 和 ≥ 70 岁年龄组发病率较高，病例主要集中在老年人和从事户外重体力劳动的中年男性人群。受日最高气温、日平均气温、相对湿度等多种气象因素的影响。汉南区和东西湖区发病率高于其他行政区。因此，武汉市中暑防治工作重点人群应为从事户外强体力活动的人群，尤其是建筑工人、环卫工、搬运工等，重点地区应为建筑工地等强体力活动人群集中的区域。2022 年湖北省发生了 1961 年以来最严重的极端高温事件，省疾控中心监测显示，高温中暑监测病例接近 2017—2021 年均值的 3 倍，其中重症病例占总病例的 6 成，60 岁以上老人占 57%。

　　1988 年起湖北气象部门与湖北省、武汉市疾控中心合作开展高温中暑研究，建立了高温中暑预报预警模型，2009 年合作出版专著《高温热浪与人体健康》，2012 年制定湖北省地方标准《高温中暑气象等级》。从 1999 年开始，湖北省气象部门就进行中暑指数等级预报，并通过电视、报纸、广播、手机短信以及网络进行服务。通过资料的不断累积和方法的不断改进，高温中暑预报预警模型不断完善。研究找出了影响武汉市中暑死亡的关键气象因子为持续不小于 37℃的有效累积温度，日均中暑人数随日最高气温升高呈指数规律升高，在 31 ～ 34℃缓升、在 35 ～ 39℃急升，非线性特征明显，建立了逐日中暑死亡数的统计预报模型并将高温危险度划分为 5 个等级。为了更好开展高温中暑气象预报服务和气候评价工作，2008年通过相关普查寻找关键气象因子，通过逐步回归方法建立了改进的中暑气象模型，修订了 20 世纪 90 年代研制的中暑指数 5 级划分标准（表 5），新提出了中暑天数的推算方法。结果表明，中暑人数与当日各项气温、气压、日照时数为正相关，其中气温最为关键，应考虑前期气温累积效应后相关系数有所提高；以日最高气温 ≥ 36℃的累积高温为首选因子，比 20 世纪90 年代的临界指标上升 1℃；建立了 3 套预报（评估）模型并推荐使用以日最高气温 ≥ 36℃的累积高温、日平均气温为因子的模型；回代试验、试验预报检验表明改进的模型、等级划分标准科学适用。这个模型也是湖北省目前业务运行的模型。

中暑人数与气象因子的回归模型：$Y = -19.754 + 2.68 \times T_{\max \geq 36} + 0.71 \times \overline{T}$。式中，$Y$ 为高温中暑气象指数；$T_{\max \geq 36}$ 为 ≥ 36℃的累积温度；T 为当日平均气温。

表 14-1　高温中暑指数的等级划分和命名

等　级	描述	高温中暑气象指数范围	色标
5 级	极易发生中暑	≥ 7.0	红
4 级	易发生中暑	[5.0, 7.0)	橙
3 级	较易发生中暑	[3.0, 5.0)	黄
2 级	可能发生中暑	[1.0, 3.0)	蓝
1 级	不会发生中暑	< 1.0	无

　　极端高温可增加敏感人群死亡的风险，心血管疾病、呼吸系统疾病、缺血性心脏病、脑血管病、急性心肌梗死、泌尿系统疾病和高血压疾病受高温影响明显，尤其是老年患者。李永红等（2012）研究显示，2003 年夏季死亡率明显增加的日最高气温临界值是 36℃，单位温度死亡危险度为 3.995/100 万，高温期日平均总死亡数、60 岁及以上老年人心血管疾病和呼吸系统疾病日平均死亡数显著高于非高温期，高温期超额死亡人数占该年夏季总死亡数的 11.4%。其中高温期的心脑血管疾病平均日死亡数、男性和女性平均日死亡数分别是非高温期的 1.92 倍、1.56 倍和 2.34 倍，高温期的死亡总数占该年夏季心脑血管疾病死亡总数的 31.8%。研究发现1998—2008 年夏季（6—8 月）武汉市居民超额死亡率随日最高气温升高呈指数规律增加，高温致超额死亡的阈值为 35.0℃（图 14-2）；"热日"比"非热日"平均死亡率高出 50.7%；采用日最高气温 ≥ 35℃的有效累积温度及当日平均气温建立超额死亡率评估模型。研究显示武汉市中老年人在高温热浪过程中面临更大的心脑血管病（Cardiac Vascular Disease，CVD）发病及死亡风险，其中脑血管疾病发病及死亡风险大于心血管；男

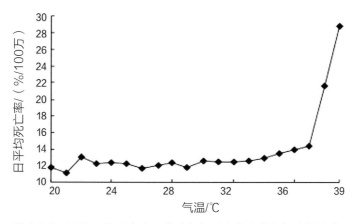

图 14-2　1998—2008 年武汉夏季超额死亡率与最高气温的关系

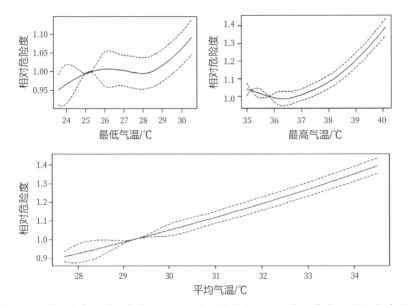

图 14-3　武汉市高温过程气象因子与心脑血管疾病死亡人数的暴露－反应关系图

性 CVD 死亡总人数为女性的 1.1 倍，小于 75 岁年龄段中，男性 CVD 死亡人数为女性的 2.1 倍，中青年男性心脑血管死亡率为女性的 4.5 倍。高温热浪过程中平均气温、最高气温是影响 CVD 发病、死亡人数的主要气象因子。从图 14-3 中看到，最高气温和最低气温的相对危险度值曲线大致呈指数递增分布，当最高气温达 36.7℃、最低气温达 25.3℃，死亡人数相对危险度值显著增加；平均气温的相对危险度值曲线大致呈单调线性递增分布，随着平均气温的增加，相对危险度值逐渐增大，当平均气温为 29.2℃时，相对危险度值达到 1。

　　热浪发生的季节早晚对健康的影响程度有差异，人体对气候的适应是一个缓慢的过程，如果热浪发生在夏季的初期，所产生的危害较发生在夏季的中晚期要大，原因是在夏季的初期人体对高温气候的适应性还没有形成。在脆弱人群一时无法适应高温的情况下，若发生高温热浪，会造成一部分脆弱人群的死亡，产生"收获效应"，即死亡前移。在天气对呼吸系统疾病和心血管疾病死亡的影响研究中，发现高温热浪对心肌梗死死亡的收获效应，在高温热浪发生的第 2 天的死亡增加 12%，在第 7 天则为 4%。如 2022 年湖北省在 7 月 7—16 日和 7 月 30 日—8 月 24 日出现两段持续性高温天气过程，第一波高温期间日均高峰中暑人数达到 200 人，尽管第二波高温强度比第一波更强，但是由于人体对高温逐渐适应，加上气象部门联合省卫生健康委在 8 月 12 日、8 月 20 日发布了 2 期高温中暑预警，因此第二波高温期间日均高峰中暑人数下降为 150 人。

呼吸系统疾病与气象条件的关系

呼吸系统疾病是我国最常见疾病，城乡居民两周患病率、两周就诊率、住院人数构成长期居第 1 位，所致死亡居死因顺位第 1 ～ 4 位，疾病负担居第 3 位，已成为我国最为突出的公共卫生与医疗问题之一，对我国人民健康构成严重威胁。呼吸系统作为人体的第一道防线，常受多种细菌病毒的侵蚀，较其他身体器官更易受到来自外界的刺激，呼吸系统疾病有感冒、肺炎、气管炎、哮喘、肺结核和尘肺等，若得不到及时的控制或病情迁延恶化，将发展成为肺心病、肺气肿、呼吸衰竭、心衰和肺癌等。从病理学角度来讲，暴露在恶劣天气和潮湿环境中，会使人体呼吸道局部温度降低，毛细血管急剧收缩，黏膜上皮的纤毛活动逐渐减慢，气管排出细菌的功能越来越弱，极易诱发呼吸系统疾病。因此，天气气候的变化与呼吸系统疾病发病风险有着密切联系。

研究表明，呼吸道疾病的发病与气温、气压、湿度有着密切的关系，但同一个因子对不同疾病甚至同一类不同种病的作用不尽相同，即使同一个因子对同一种病在不同季节的影响也不完全相同。例如春、秋季节，下呼吸道感染多发生在气温低、湿度小、气压高的天气里，即冷高压控制的天气；而在冬季，气温骤降时，下感病人将增多。陈正洪等（2000）基于以上研究，结合武汉市常见的上呼吸道感染、下呼吸道感染和哮喘等疾病的时间分布特征，建立了上述疾病的日发病率和周发病率的气象预报模型。

气温对呼吸系统疾病的影响主要表现为低温滞后效应和高温即时效应。研究显示武汉市人群呼吸道疾病的发病高峰日并不出现在冷空气入侵的当日，其中上呼吸道感染和下呼吸道感染发病住院的滞后效应最为明显，分别在冷锋后的第 5 天和第 6 天达到高峰。王林等（2016）研究发现武汉市日均气温对呼吸系统疾病死亡效应为"U"形，冷效应具有延迟性，呼吸系统疾病在低温滞后 1 天开始出现，4 天和 17 天同时达到最高，8～12天为低谷；热效应表现为急性效应，死亡效应以当天最高，持续 2 天，呈现出明显的收获效应，随时间的延长而减小。

　　呼吸道传染疾病传播需具备病原体、宿主和环境 3 个因素。气候作为重要的一项环境要素，在它变化产生的健康效应中，最重要的一个方面就是对流感暴发和传播的影响。已有研究表明流感发病动态具有明显的季节性规律，特别是季节性天气变化转折时期（Liu et al.，2020）。在人口稠密的北半球中纬度地区，流感在 1 月和 2 月达到高峰。流感的季节性表明它可能与天气和气候有关。气候因素（如温度、湿度等）会影响流感病毒的存活以及传播能力，对流感病毒在空气中的传播产生极大的影响。温度和湿度降低有利于流感病毒的存活，生物学实验研究表明，流感传播的最适宜相对湿度为 20%～25%，当相对湿度上升至 80% 时，流感传播被完全阻断；气温 5℃时流感传播的可能性大于 20%，当气温上升至 30℃时，流感传播被完全阻断，所以寒冷干燥的气候条件是流感暴发的主要因素。

　　武汉区域气候中心研究分析发现，2009—2020 年湖北省平均流感样病例发病率（ILI%）为 2.83%，大部地市的流感样病例发病人数和发病率均呈上升趋势。ILI% 年内存在较明显的双峰特征，高峰期出现在冬季 12 月至次年 2 月，次高峰期出现在前夏 5—7 月。2009—2020 年间 11—12 月的短期敏感天气转换强度指数（RWV）与 11 月至次年 3 月间流感发病率的最大值关系密切，11 月中旬至 12 月气温变幅强度越大，其当年冬季的流感发病率越高，同时次年 3—4 月流感发病率也越高。短期内累积最低气温的强烈变化可能是冬春季流感暴发的先决气象条件之一。2014—2017 年武汉市年内春季鼻炎就诊人数最多，3 月鼻炎接诊量快速增加与 RWV 值较高关系密切。气候预估结果显示未来湖北省气温波动趋于增大，预计到 21 世纪末期（2081—2100 年），气候变化可能导致流感高峰期发病风险增加 30.5%。

　　传染病中尤以呼吸道疾病最为常见，包括由来已久的肺结核、1998 年岁末流行的禽流感、2002 年底至 2003 年 5 月的 SARS 以及 2019 年冬季至 2020 年 4 月全球肆虐的新冠病毒（COVID-19）感染等。研究表明，SARS 的滋生和传播有一定的适宜温度范围（14 ～ 28℃），温度过高、过低均不利；在此范围内发病数与气温（平均、最高、最低气温以及气温日较差）、降水量和相对湿度均为负相关，尤其是与最低温度相关性最好；前 7 天左右的气象条件比当天的气象条件影响更大（陈正洪 等，2004）。刘可群等（2020）研究发现，COVID-19 的感染率与人口密度相关性最大，其次与其暴发前的高温持续日数呈现极为显著幂律关系，同时与高温积温、高温日数排序、干旱强度也有较好的相关关系（图 14-4）。高温热浪对病毒的感染传播是有作用的；而不同地区气候差异也会导致不同地区人群抗高温能力存在差异，干旱可能通过对生态环境的破坏来影响病毒的感染传播。

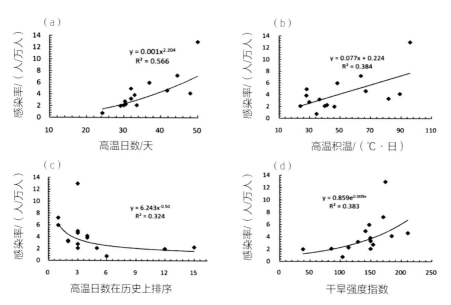

图 14-4 COVID-19 感染率与高温日数（a）、高温积温（b）、高温历史排序（c）、干旱强度指数（d）的相关分析

心脑血管疾病与气象条件的关系

心脑血管疾病造成的疾病负担是一项全球性挑战，其病死率和致残率极高，是全球第二大死因。心血管病主要包括冠心病、心衰、心肌病、中风、周围血管疾病等，急性心肌梗死作为冠状动脉的致命表现形式，脑血管病包括脑溢血、脑血栓形成、脑梗塞、蛛网膜下腔出血等，其发病率和死亡率近年来呈不断增高趋势。

极端天气气候事件（寒潮、高温热浪等）是心脑血管疾病发病率和死亡率增加的重要原因。有研究表明，寒潮能引起心血管疾病死亡率增加11％。寒冷对健康的效应因地区而异，暖冬国家与寒冷有关的死亡率高于严冬国家。心脑血管疾病在湖北省多发月份一般为 10 月至次年 4 月，高峰在 12 月至次年 2 月。当出现冷空气或寒潮入侵，特别是入秋首次寒潮到来，冷锋过境，剧烈降温、升压，大风时心血管病患者会增多，同时在酷热天气下也会有高的发病率和死亡率（钟堃 等，2010）。在春季高温低压、夏季暑热低压时，在气温骤降、风力过大或剧烈升温、气压过低时，均有可能出现心脑血管疾病高峰期。总体而言，暖冬在一定程度上降低了冬季心脑血管疾病的发病率，对心脑血管疾病患者较有利；而夏季高温热浪的增多提高了人们体内的血液黏稠度，致使心脑血管疾病高发期出现向夏季转变的趋势；春、秋季节冷暖交替时期依然是心脑血管疾病的多发期。

研究表明，武汉市心脑血管疾病死亡率在冬季有一个主峰，7 月还有一个次峰；夏季气温与 CVD 死亡率为正相关，中年组（G1：年龄45 ～ 65 岁）相关系数无显著性意义，老年组（G2：年龄 ≥ 65 岁）有显著性意义，其余三季气温和 CVD 死亡率呈负相关，中老年组均有显著性意义（刘学恩 等，2002）。当平均气温为 22 ～ 24℃时，CVD 死亡率最低；高于此温度为正相关，低于此温度则为负相关。王祖承等（2001）研究发现，武汉市人群心脑血管疾病的发病高峰日并不出现在冷空气入侵的当日，脑梗塞和心血管疾病的滞后期为 1 ～ 4 天，心肌梗塞、脑梗塞、冠心病在冷锋后 3 天之内发病较高并达到高峰，然后较快回落，说明这些疾病对天气剧烈变化较为敏感（图 14-5）。武汉区域气候中心分析 2014—2019 年武汉市气象环境要素对心脑血管疾病发病的影响，发现气候效应占主导作用。武汉市心脑血管疾病的总发病人数在 1 月、4 月、7 月和 11月较多，6 月发病最少；脑血管发病人数变化特征与总发病人数一致且大于心脏病发病人数；心脑血管疾病死亡人数在 12 月、1 月和 2 月较多，6月死亡最少；脑血管、心脏病死亡人数与心脑血管疾病死亡人数变化特征一致，说明气温对心脑血管疾病发病的影响以低温滞后效应为主。王林等（2016）研究发现，武汉市日均气温对心脑血管疾病死亡效应曲线为 J 形，冷效应具有延迟性，心脑血管疾病在低温滞后1天开始出现，4 天达到最高，持续 14 ～ 20 天，其中 17 天又出现小高峰。热效应表现为急性效应，心

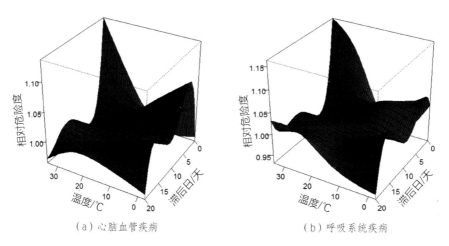

（a）心脑血管疾病　　　　　（b）呼吸系统疾病

图 14-5　不同滞后时间日均气温对死亡数影响的三维图

脑血管疾病死亡效应以当天最高，持续 2 天，呈现出明显的收获效应，随时间的延长而减小。由此可知，高温和低温均是武汉市居民心脑血管疾病每日死亡的危险因素，存在滞后效应. 低温效应的滞后时间长于高温。

血吸虫病与气象条件的关系

血吸虫病是影响人类健康最严重的寄生虫病之一，中国是全球受害最严重的国家之一。作为一种人畜共患重大传染病，钉螺是血吸虫的唯一中间宿主，也是血吸虫病流行必不可少的环节，钉螺与温度、湿度、光照、淹没频率、水深、水位、植被、土壤等自然因素有着密切的关系。湖北省地处长江中游，湖泊众多、沟渠纵横，位于湖区血吸虫病流行省份的上游，是我国血吸虫病流行较为严重的省份之一。近年来，湖北省以传染源控制为主的综合防治策略效果显著，全省达到疫情控制标准后，居民血吸虫感染率和病人数、耕牛血吸虫感染率和病牛数均呈下降趋势，但钉螺发生面积基本未发生变化。

研究发现，冬季最低温度是钉螺繁殖最主要的气象影响因子，平均最低温度升高 1℃，活螺框出现率上升 15.5% ～ 15.9%（刘可群 等，2015）。当气温降到 0℃以下时，钉螺开始死亡。冬季气温每上升 1℃，钉螺密度将上升 6.7%。湖北省冬季温度升高利于钉螺安全越冬，提升了钉螺密度水平。1961—2018 年湖北省年平均气温以 0.18℃ /10 年速率上升，其中以冬季气温上升最为显著 0.15 ～ 0.42℃ /10 年，冬季气温显著升高了 1.35℃；气温小于 0℃天数显著减少了 5 天左右，且气温小于 0℃天数在 8 天以内的范围已从湖北省江汉平原南部明显北扩至安陆、钟祥、应城、孝感一带，江汉平原大部 < 0℃天数也由原来的 6 ～ 10 天转变为 4 ～ 8 天。冬季气温的上升，气温小于 0℃天数的减少，使钉螺安全越冬的范围

更大，有利于钉螺存活以及春季成螺提前产卵，螺卵发育时间缩短，幼螺密度增加，从而导致钉螺密度整体水平提升。气候变暖导致钉螺和血吸虫生长发育适宜区扩大，钉螺及血吸虫在钉螺内生长发育季节均延长，生长发育期内积温显著增加。20 世纪 80 年代以来，湖北省适宜钉螺生长的发育季延长了 3 ~ 18 天，适宜血吸虫在钉螺体内生长的发育季延长了 6 ~ 23天，导致其各自的生长发育适宜区在 21 世纪后扩展至除鄂西中高山以外的湖北大部地区；此外，适宜于钉螺生长发育以及血吸虫在钉螺体内生长发育的有效积温相应增加，其中，适宜于钉螺生长发育的有效积温增加了 77 ~ 375℃·日，江汉平原荆州及鄂东武汉、黄石、黄冈地区有效积温增加了 240℃·日以上；适宜于血吸虫在钉螺体内生长发育的有效积温增加了 41 ~ 383℃·日。气候变暖导致了湖北省有更多的地区有利于钉螺从螺卵发育至成熟产卵、毛蚴在钉螺体内发育成尾蚴形成危害，增加了血吸虫病传播风险。

研究发现极端天气气候事件对钉螺扩散及血吸虫病流行产生影响（肖玮钰 等，2015）。暴雨洪涝导致江汉平原湖区溃垸，洪涝灾害面积扩大，钉螺大面积扩散，导致钉螺面积增加，形成新螺点。湖北省典型洪涝年钉螺面积呈现先下降后上升的趋势，湖沼垸内、山丘型钉螺面积减少幅度较大；洪灾对钉螺分布的负面影响可能延续 3 年以上，水淹时间过长对钉螺生长发育影响是导致钉螺面积及密度、活螺框出现率下降的可能成因。江汉平原的潜江等钉螺孳生地冬春季干旱、钉螺生长环境长期缺水，对钉螺的产卵、幼螺的孵育及成螺的生存造成不利影响，导致钉螺密度降低。极端雨雪冰冻天气导致钉螺死亡率上升、血吸虫病感染率下降。受低温雨雪冰冻天气影响，2018 年湖北省垸内钉螺面积为 19 487.5 公顷，与 2017 年相比下降 277.8 公顷；血吸虫病感染率为 1.71%，同比下降 0.55%；病牛感染率为 2.20%，同比下降 1.15%。

　　研究显示，未来 RCP2.6、RCP4.5、RCP8.5 这 3 种温室气体排放情景下钉螺潜在分布低、中风险区范围相对基准期分别扩大了 4.5% 和 1.6%，无风险区范围缩小了 9.3%；伴随着未来可能的气候变化，钉螺潜在分布中、高风险区向北移动，见图 14-6（汤阳 等，2017）。

　　武汉区域气候中心在血吸虫病重疫区江汉平原荆州区白马寺镇开展了钉螺孳生地野外实验，通过对比观测发现杂草覆盖可增加地面温度 2～5℃，可以增大钉螺安全越冬概率及成活率，从而提高血吸虫病传播风险，提出"在 12 月到来之前及时清除有螺区杂草有利于降低地表温度和土壤水分含量，能从物理上起到较好的灭螺效果"的建议，被湖北省疾控中心采纳，提高了血吸虫病防治的针对性和有效性，降低了人民群众感染血吸虫病风险，减少药物灭螺及血吸虫病治疗等的经费支出。

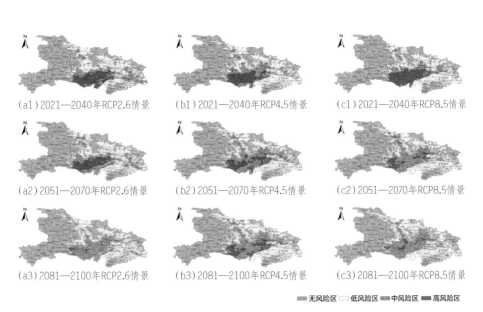

(a1) 2021—2040 年 RCP2.6 情景　　(b1) 2021—2040 年 RCP4.5 情景　　(c1) 2021—2040 年 RCP8.5 情景

(a2) 2051—2070 年 RCP2.6 情景　　(b2) 2051—2070 年 RCP4.5 情景　　(c2) 2051—2070 年 RCP8.5 情景

(a3) 2081—2100 年 RCP2.6 情景　　(b3) 2081—2100 年 RCP4.5 情景　　(c3) 2081—2100 年 RCP8.5 情景

■无风险区　□低风险区　■中风险区　■高风险区

图 14-6　湖北省钉螺潜在分布风险图

低温雨雪冰冻灾害对人体健康的影响

低温雨雪冰冻灾害对人体健康的影响是多方面的，包括传染病、慢性病、心理疾病及意外伤害等。据宁波疾病预防控制中心对 2008 年 1 月下旬至 2 月中旬疾病患病情况调查分析报告显示，低温雨雪冰冻期间患病居前 5 位的是循环系统、呼吸系统、消化系统、肌肉骨骼结缔组织和内分泌营养免疫；居前 10 位的疾病是高血压、感冒、慢性胃炎、心脏病、慢性支气管炎、糖尿病、关节炎、胆囊炎、颈椎病和腰椎间盘突出；有加重趋势的慢性病主要是肌肉骨骼结缔组织、呼吸系统和循环系统疾病；易发的急性病主要是感冒（徐荣 等，2009）。这些疾病的发作或加强与气温和气压的骤降有明显关系。2008 年 1 月 12 日—2 月 3 日， 湖北出现了一次严重的低温、雨雪、冰冻天气气候事件，行人意外摔倒引起的人身伤害事

故明显增加，交通事故、建筑物倒塌损毁对人员造成的伤害加大，低温造成人员冻伤和其他次生伤害。截至 2008 年 2 月 5 日，湖北省急救 2.6 万多人，其中摔伤 1.5 万多人，冻伤 7000 多人，因灾直接死亡 13 人。因天气寒冷和煤气使用不当，全省 CO 中毒事件 194 起，中毒 472 人，死亡 20 人。武汉市 120 急救呼救量和急救出车量骤增，急救呼救量日均 2300 次，增长 21%；急救出车量骤增到日均 182 次，增长 30%。最高日急救出车达 213 次，创历史新高，主要以车祸、摔伤、心脑血管疾病等为主。由于天气寒冷，前往献血的人数也锐减。1 月 15 日 、20 日和 2 月 3 日，武汉血液中心分别发出血液库存预警消息。

　　气候变化特别是极端天气气候事件正在加剧人群的健康风险，后期应进一步完善合作机制，利用多学科跨部门交流合作平台，从机理成因性和脆弱人群健康风险评估方面深化研究成果，将成果转化为业务服务产品，提高突发公共卫生事件应对处置效能和基于天气气候的疾病预警预报能力，提升广大民众的疾病风险预防意识，全方位全周期保障人民健康。

第四篇

气候变化健康风险的
科学应对

第十五章 应对气候变化政策保障

第一节　我国应对气候健康风险的现状

面对气候变化造成的健康风险，总体来说，我国科学界、政府以及公众对气候变化影响人体健康方面的关注在日益增长。

科学界对气候变化与健康领域的参与度在持续增长，虽然中国学者的关注相较于我国面临的气候变化对健康的威胁还远远不够，但科学期刊相关研究内容的输出近年来不断增加，国内的科学界正在逐渐关注这方面的问题。此外，国家自然科学基金委地学部大气科学处在 2020 年专门设立"D0514 大气环境与健康气象"的申请代码，我国气候变化与健康的科学研究得到进一步支持和重视。

政府部门对气候变化的关注也逐渐在往健康影响方面倾斜，我国在应对气候变化政策的制定中也逐渐增加了健康影响方面的内容。例如，我国在最新出台的《国家适应气候变化战略 2035》中增加了健康与公共卫生的板块。尽管如此，地方层次落实国家方案存在明显的滞后性。仅 2022 年的一项针对 31 个省级疾病预防控制中心的调研显示仅有 4 个省（直辖市）

（广东、江苏、江西和上海）完成了气候变化对健康影响的评估和脆弱性评估，6个省（自治区、直辖市）已经制定了健康与气候变化适应计划或措施，缺乏多部门合作机制被认为是最重要的制约适应计划的因素。另外，在适应气候变化方面，在国家层面上出台了《中国应对气候变化国家方案》。从2008年开始，每年公布《中国应对气候变化的政策与行动》。2009年，卫生部发布了《全国自然灾害卫生应急预案（试行）》和《国家环境与健康行动计划》。这些方案与政策的出台表明了我国积极应对全球气候变化的态度，对人们如何应对气候变化起到了积极的宏观指导作用。但在具体的科学研究与产品落地等相关领域，还存在一定的不足，如气候变化与健康的研究多数为单城市或局部地区的研究，科研成果的落地转化也有较大的空白。

媒体和个人对于健康和气候变化这一议题的反响始终平平，但在2020年以来得到了较大的提升。相较于科学界和政府，新媒体和报纸对气候变化的报道更少关注到健康领域（每年6.0%～12.2%），对气候和健康相关问题的日益关注主要是集中在暴雨洪涝、泥石流、干旱、寒潮等事件造成的健康威胁上，碳中和目标、新冠疫情及局部极端天气气候事件的发生有助于媒体报道的覆盖率增加。对搜索引擎的调查显示，个人几乎不会将健康和气候变化联系起来搜索相关内容，1000个气候变化查询中只有3.6个具有与健康相关的搜索关键词。但2020年以来，受新冠疫情的影响，健康与气候变化共同搜索的情况增加了78.6%。

目前，我国科学界和政府对气候变化与健康的关注正在快速增长中，而公众的认知水平十分有限，人们可能会知晓高温、暴雨、台风等极端天气气候事件的预报预警，但对其产生的健康影响不甚了解，从而导致忽视应对和防护措施，健康行为的改变难以发生。其次，气象部门与卫生健康、生态环境等相关部门及专业机构间的互动机制尚未充分建立，导致缺少与健康相关的气象服务产品或开发出来的健康气象产品难以支撑公共卫生实践，对人群健康的保护作用有限。

第二节　在政策、研究、评估、预警等方面应对气候健康风险

　　针对我国气候变化与人体健康在研究、政策与产品上的短板，可以对症下药，针对提升。

　　在研究方面，目前科学界对于气候变化健康风险的认识正在不断深化，但如何加强研究以应对气候变化风险下的人群健康威胁，尚未引起国内学术界的充分重视。未来，我国亟须系统开展气候变化的健康影响与脆弱性评估工作，进一步厘清复杂环境和社会经济发展背景下极端天气气候事件对人群健康的动态影响过程及机理，追踪不同地区气候变化健康风险的严重程度及人群脆弱性变化，并及时评估气候变化减缓和适应行动带来的健康改善效果。此外，气候变化引起的健康问题具有的全球性和跨学科的特征，我国一方面需要加强公共卫生、大气科学与政策管理等学科的攻关合作，另一方面也需要通过更加有效的国际合作机制，凝聚全球气候治理合力及科研力量探索气候变化健康影响，并勇于体现大国担当，携手世界各国应对气候变化，构建人类命运共同体。

　　在国家决策层面，尽管我国已经制定较为广泛的气候变化应对策略，这些策略在一定程度上涉及健康问题，但当前仍出台专门针对气候变化的国家卫生适应计划。面对愈发严重的气候变化健康风险，各级政府部门应充分考虑到各地区气候条件和脆弱人群特征，加强制定气候变化健康风险

　　的防控与应对规划，提升极端天气气候事件的公共卫生应急准备与救灾能力，完善医疗系统对气候敏感疾病的诊疗服务体系与卫生资源配置，从而有效提升我国医疗卫生系统的气候韧性。另外，我国需要在制定和设计相关减排政策时充分考虑对健康的潜在影响和协同效益，进一步提升减缓气候变化的行动力度，从而有效降低气候变化对人群健康造成的风险。

　　在预警产品与具体行动上，制定气候变化的应对策略需要重点加强气候敏感疾病的监测预警。虽然我国目前在健康气象服务方面已有一定的应用与实践，但仍停留在以向公众发布预报预警为主，气象部门与医疗卫生专业机构之间的互动机制尚未充分建立。未来应加强卫生部门与气象部门的密切合作，促进气候敏感性疾病的监测预测，及时制定针对极端天气的健康风险警告和应急管理预案，应用到区域健康风险预测的实际业务中，以满足卫生部门对健康风险的动态监测预警和服务保障能力需求，为疾病预防控制和公共卫生管理提供更长时效的气候服务和决策工具。

总之，面对全球变暖不断加剧的严峻形势，应深化对星球健康和人类命运共同体理念的正确理解，并努力通过气候变化与健康领域的研究成果，推动我国社会向着可持续利用地球资源的方向发展。

气候变化为健康带来的危害具有多样性和全球性，从极端天气气候事件危险增高到传染性疾病动态的改变，气候变化对健康的影响在不同方面已经很明显。气候变化对健康的直接影响来自于热浪、干旱和洪水等极端天气气候事件，间接影响来自暴露于媒介疾病、粮食减产和臭氧层耗减等（赵金琦 等，2010）。气候变化的健康影响复杂多样且较难预测，从公共卫生角度开展气候适应性规划以应对气候变化带来的健康风险具有重要意义。为了抵御气候变化对健康的严重威胁，有必要采取一系列适应举措，包括但不限于政策与计划、技术工具、信息监测、相关研究等（Biagini et al.，2014）。为了更好地应对气候变化带来的健康风险，需要建立更完备的应对系统来应对突发事件。

第一节　科学评估气候变化健康风险，建立早期预警系统

气候变化健康风险评估有助于确定气候变化健康风险类型、易受影响的人群和地区分布、改善不良健康影响的空间需求以及相应的规划应对措施，是支撑规划方案制定与实施的重要前提和基础（冷红 等，2021）。科学评估气候变化健康风险可从 3 个方面考虑。第一，将国外脆弱性评估、健康影响评估等技术工具与国内实际情况结合，制定适合国内情况的评估技术指南和工具，从而为评估的开展提供明确的实施步骤指引。第二，强化气候、健康、空间信息的综合监测，依托国土空间基础信息平台数据库，实现尺度范围一致的气候变化健康风险信息查询、数据调用、空间分析与可视化，为评估的开展提供可靠的数据支撑。第三，以国内外应对气候变化健康风险的适应性规划相关研究成果为基础，结合各评估地区所处区域

气候变化主要特征与居民健康问题，有针对性地开展相关研究，研判所在地区具体面临的气候变化健康风险类型、易受风险威胁的人群和地区分布、适宜采取的规划应对措施，以提升评估结果的有效性。

　　中国始终重视应对气候变化问题，已开展一系列气候变化健康适应工作。中国持续开展空气污染（雾、霾）天气对人群健康影响监测与风险评估，制定洪涝、干旱、台风等不同灾种自然灾害卫生应急工作方案，加强气候变化条件下媒介传播疾病的监测与防控，开展气候敏感区寄生虫病调查和处置。气候风险早期预警系统由影响和风险评估、科学预测、预警方案制定、有效的通信方式以及全社会协同而正确的响应能力组成。在构建气候风险早期预警系统方面，我国目前具有日益完善的全球气候监测系统，尤其是全球气象和海洋卫星的观测系统；正在发展和建立更完善的全球无缝

隙气候预测系统，可以预测发生在 2 周到 100 年不同时间尺度的气候变化引起的潜在灾害与风险；也努力制定有效的气候适应和减缓策略，包括加强基础建设和构建新的防御气候灾害的重大工程（丁一汇，2020）。各地政府均须制定和完善应对极端天气的卫生应急预案，完善应急响应和指挥机制，加强应急队伍建设，建立应急物资储备库，构建适应局地气象和健康特点的应急处置模式。持续评估极端天气气候事件的健康风险，可以根据精细化监测网络，对高温、寒潮、暴雨等重点气象因素，对儿童、老年人、户外工作者等重点人群，对重点行业和领域、区域和流域等，开展定量化、动态化气候变化健康评估。开展早期预测预警系统，可以利用风险评估模型，结合监测网络系统，及时发布健康相关预测预警信息，并指导应急处置行动。科学评估气候变化健康风险，建立早期预警系统，保障国家和人民的生命财产安全。

第二节　强化医疗系统应对，增加气候健康韧性

世界卫生组织呼吁，医疗卫生专业人员须在应对气候变化和保护公众健康方面发挥重要作用，尤其应当在气候敏感性疾病监测、脆弱人群识别与照护、健康共益效应促进、风险沟通和环保倡导等方面采取积极行动（杨廉平 等，2020）。建立一个具有弹性的医疗卫生系统是适应气候变化的重点，这个系统的组成部分包括以下几个方面：拥有一支具有丰富专业知识的医疗卫生工作人员队伍，具有专业设备；支持有效管理极端天气气候事件健康风险的健康信息系统；有效提供服务，包括为紧急情况做好准备；充足的资金（Ebi et al.，2021）。对于医疗卫生服务系统，一方面要提高

适应和规划能力，努力实现全民健康覆盖，在气候变化背景下保护并持续改善人群健康；另一方面，医疗卫生系统作为碳排放的主要来源之一，需要对当前的服务模式进行重新设计，减少碳足迹，争取实现医疗卫生系统和服务提供过程的温室气体净零排放，以减缓气候变化并减少与温室气体排放相关的疾病负担（黄存瑞 等，2022）。

建立具有气候韧性的卫生健康系统是适应气候变化的有效途径，强化医疗系统应对，通过医疗卫生系统减少气候变化相关疾病负担，增加气候健康韧性，减轻现在和未来气候变化造成的健康影响。加强基础设施建设是建立韧性卫生健康系统的手段，也是适应气候变化的有力措施，但需要其他相关部门的大力配合。例如，在地势较低易发生道路、桥梁被洪水淹没事件的地区，可建立或增高堤坝及道路高度、改变路线等；在因持续加剧的高温事件而发生道路损坏的地区，可重视路面养护，制定新的设计标准、使用更安全的材料、翻新道路等；在因风暴和野火等造成道路关闭的地区，可在危险区域发展备用路线、增植缓冲植被等；在因洪水等造成饮用水污染的地区，可以储存紧急供水、增加雨水储蓄的能力、暴雨后井压测试、识别/保护易受破坏的设施；在水源减少而饮用水（河流/地下水补给）供应降低的地区，可制定干旱应对计划、限制饮用水使用量、非饮用水中水回用、安装节水器具/装置、节约用水教育、开发其他水源等；在因严重风暴/野火事件期间对紧急服务的需求增加的地区，可开展社区应急准备培训、制定地方应急计划等；在因应对高温事件而能源需求增加的地区，可以改进设备冷却效率、制定节能计划、使用替代能源系统来补充增加的能源需求等；在因涨潮、风暴等造成水浸/排水阻塞的地区，可以重新安置危险区域的排放管道、增加管道储存容量等；雨水排放口被侵蚀破坏，可更换/重新安置危险区域的排放管道等。

第三节 评估应对气候变化的协同健康效应

协同效应的概念最早起源于对温室气体排放和增强碳汇的次生效益的评估，IPCC 第五次评估报告将"协同效应"重新定义为"在考虑对总体社会福利的净影响情况下，为了达到某一目标的一项政策或措施可能对其他目标产生的积极效果"（黄新皓 等，2019）。

实现可持续城市化建设这一目标，除了减少人均出行需求和相关的能源消耗外，在灾害应对方面也具有一定的效益，发生气候灾害时应急小组可以更快、更有效地处理。与反照率、遮阳、朝向和自然通风相关的建筑设计，除了提高居住舒适度，也在健康方面具有效益。科学的交通网络建设，可以减少意外事故发生。绿色新能源的使用，减少了能源消耗和损失，减少了 CO_2 排放量。在实现空气质量、能源安全和城市化建设等目标的同时，与气候变化的适应产生协同健康收益。

同时，应对气候变化也可能对空气质量和生态系统保护产生积极效果。温室气体与大气污染物同根同源，二者的大气特性、大气过程和化学特性存在相互作用，决定了大气污染物和温室气体的减排措施和成效也存在一定的相通性。比如，减少化石燃料消耗、推动能源清洁利用、优化产业结构等既是温室气体减排的重要举措，也有助于降低污染物排放。此外，气候变化可能会影响生态系统的结构、功能和稳定性等，反之生态系统对气候变化也有一定的适应和调节能力，但当气候变化对生态系统的影响超过其调节和修复能力时，就会破坏生态系统的结构、功能和稳定性。因此，应对气候变化与生态系统保护工作也存在协同效应。为了更好地应对气候变化风险，未来应进一步完善相关法律法规和政策；密切跟踪协同效应国际研究进程，加强对协同效应评估方法和相关指南的研究；不断拓宽协同

效应研究范畴，在环境、气候、能源等领域开展协同研究；深化利益相关方对协同效应的认识，逐步将协同效应决策主流化；在全球层面拓展协同效应全球伙伴关系，实现协同效应合作机制化（黄新皓 等，2019；冯相昭 等，2018）。

第四节　加强跨部门合作，联合应对气候健康风险

气候变化对各个领域均有广泛和深远的影响，适应气候变化也需要各个部门共同参与。卫生健康部门是受气候变化影响的主要部门，建立具有气候复原能力的卫生健康系统需要多部门、多系统的合作努力。在气候变

化健康适应行动规划的实施中承担重要责任，协同其他相关部门共同合作，包括开展风险评估、加强天气气候健康监测预警、提高全民气候变化健康素养、合理分配资源、加强能力建设、负责实施效果监测评估等，各级地方卫生健康机构落实规划内容，实施监测和评估，并定期上报反馈。多部门联动合作可以加强现有的治理体系，促进"自下而上"有效适应的区域治理体系，将适应纳入社会发展、投资决策等各个主流方面。

部门联动合作可以在政府部门间、政府与非政府机构间，健康领域与非健康领域间进行合作。政府部门间合作可以成立跨部门气候变化委员会，来促进气候、健康科学与政府政策的融合；可以由卫生健康部门牵头、联合气象、环境、应急等部门，将适应气候治理聚焦于健康适应行动。政府可以与非政府机构合作，利用广大受众群体基础，加强气候变化行动的宣传力度以及采取适当的措施缓解或适应气候变化，例如辅助建设城市绿地，调节区域微小气候，减少城市热岛效应；辅助改善水质、调节水流，降低洪水风险。健康领域也需要与非健康领域协同适应气候变化。天气气候领域可以向健康领域提供气候服务和信息产品，合作开展健康气候服务最佳方式的应用和业务研究。经济金融领域可以辅助核算适应气候变化行动的成本效益。

第五节 提升极端天气应急处理能力

中国极端天气气候事件的发生频率和强度不断加大，不仅造成经济损失还对人群健康造成严重威胁（郑艳，2022）。提升极端天气应急处理能力需要各部门制定和完善应对极端天气的卫生应急预案，完善应急响应和指挥机制，加强应急队伍建设，建立应急物资储备库，构建适应局地气象和健康特点的应急处置模式。

各部门组织研究者应深入研究探究极端天气气候事件形成的机理，建立高影响极端事件的指数和指标体系，加强对极端天气气候事件发生发展过程的监测、研究和预警（翟盘茂 等，2012）。未来还需要培养更多相关专业人才，加强对极端天气气候事件的监测与研究，提高对极端天气气候事件的预警水平。极端天气气候事件防御能力建设可以进一步加强，将研究成果应用到科学规划和决策中，使人居住环境和重要的战略设施远离灾害多发区、易发区和自然环境脆弱区（徐一鸣，2008）。通过部门间的信息共享与合作，制定极端天气气候事件的应急处置预案，构建极端天气气候事件应急处置部门联动机制。充分利用科普宣传，通过新闻媒体等多种形式的宣传引导人民群众，提高公众在极端天气气候事件中的防灾减灾意识和能力。

第六节　提升研究能力，发展适应技术体系

提升应对气候变化的能力首先需要提升研究能力，加强学科建设，发展适应技术体系。因此，应积极开展气候变化与健康的基础科学研究，识别气候变化健康风险、气候敏感性疾病和脆弱人群，开展气候变化与健康预测预警研究，加强对气候变化的监测与研究，开展人群干预服务和效果评估。通过拓展气候变化与健康学科建设，将健康融入气候变化相关的专业建设，培养气候变化与健康领域专业人才。建设开放课程，为相关领域人员提供气候变化与健康综合学习方面的教育支持，提高各领域各层次研究人员的研究能力和专业能力。

积极发展适应技术体系，开发适应气候变化的特色技术，总结现有适应技术和措施，构建分领域分产业区域性适应型技术体系，推动气候智慧

型适应转型。围绕可再生能源、新型电力系统等方面进行技术创新，促进发展适应技术体系。充分利用大数据、5G等信息技术，搭建动态性、系统性、地域特征性的基础信息供给平台，推动多地区多部门的数据信息集成共享，加速推进气象健康服务公共化和信息化发展，建立适应气候变化健康信息交流共享机制。

积极参与气候变化与健康的科学国际合作。与国际相关机构进行充分学术交流，助力应对气候变化与健康科学的国际项目合作。推动适应气候变化保护人群健康的国际合作，不断完善适应气候变化以及健康领域的国际合作机制，深入开展多双边合作项目，依托发达国家对发展中国家减缓和适应气候变化的资金、技术和能力建设积极推动国内相关工作，鼓励发展与主要国家、国际组织及国外知名研究机构的长期合作关系。结合绿色"一带一路"等平台主动作为，提供适应气候变化对口援助，分享成功经验，讲好中国故事，支持发展中国家应对气候变化的举措，从具体应用与实践中提高应对气候变化的技术能力及经验储备。

第七节 加强健康传播和干预服务

积极适应气候变化不仅需要持续加强气候变化与健康的风险评估和能力建设，还要针对敏感和脆弱人群积极传播健康教育信息，开展人群干预服务，实现健康效益最大化。开展大众传播和社会营销等健康传播服务，制作和交流气候变化健康适应信息，提高居民对气候变化和健康等相关知识的了解，从而提高公众应对气候变化的能力。例如，运用多种媒体宣传高温热浪预测预警信息和应急处置情况，宣传气候变化适应相关的法律和政策。

干预服务通常需要解决健康的社会决定因素，即降低社会、文化、环境、政治和经济环境脆弱性。社区气候变化适应工作重点为气候变化与健康的预期风险，既要解决现实存在的脆弱性问题，又要满足未来可持续发展需求。例如，采取措施改善生计和生产性资产的获取情况，有助于提高更脆弱或更贫穷社区的适应能力。减少脆弱性也是提高社区应对气候变化能力的一种手段。为了建立极端天气气候事件的适应能力，必须分享经验教训，积累知识，整合将其纳入地方重建计划和更高级别的政府政策。由于气候变化的影响和应对取决于当地环境，因此社区积极参与适应规划和实施以及利用社区资产是非常重要的。例如，基于社区适应的周期性模型，包括社区外展、情况分析、资产映射、利益相关者参与、干预优先顺序、资源动员、干预实施、评估，以及从社区外展开始重新回到一个新的周期。

第八节 加强专项经费支撑

我国气候资金需求高，与现有资金投入规模相比，仍存在资金缺口。中央政府和各级地方政府在卫生健康气候政策中发挥着关键作用，中央政府应增加气候变化健康领域专项研究经费的投入。国家基础研究的主要资助方也需要随着国家经济的不断发展加强对气候变化健康领域的支持力度。地方政府也应增强气候变化健康领域专项研究经费投入的比例，可以通过设立省市自然科学基金，建设地方实验室、创新平台等加大对专项研究的投入，对新承接国家科技重大专项或国家级重大工程项目（科研任务部分）且需要地方财政配套支持的，市、县区财政在财政科技资金中安排相应额度予以资助。

针对气候友好型项目周期长、收益低、政策不确定性较大的特点，可以通过制定激励政策、实施配套政策和保障政策等，逐步建立一套气候投融资政策体系，帮助投资者和金融机构灵活选择最符合项目特征的投融资方式和工具。建立健全气候投融资机制和针对气候变化投融资领域的评估及报告体系，探索完善气候资产的定价机制，建立气候友好的投资效益评价标准。推动气候投融资工具创新，在设置和利用引导基金、发行气候债券、发展气候信贷、推动碳金融和利用"互联网＋"新技术等领域积极创新。完善气候投融资信息披露，搭建气候投融资信息发布平台，建立信息审核发布机制。加强气候投融资能力检测，通过宣传、培训、实操和国际合作等方式，提高政府、企业和公众对气候投融资的认识（柴麒敏 等，2019）。

第九节　完善政策法规

完善的法律法规和政策体系可以为应对气候变化提供更有力的保障。中国正在构建以《中国应对气候变化国家方案》为主导、地方应对气候变化行动方案和管理办法等为辅助的适应气候变化策略。中国国家发展和改革委员会于 2020 年 12 月 31 日向公众发布了《关于征求〈中华人民共和国气候变化法（草案征求意见稿）》意见的通知》，目前也正在完善气候变化法律草案，并于 2022 年发布了《国家适应气候变化战略 2035》，但还缺少有约束、可量化、可考核的指标和法律保障。未来应加快应对气候变化法律草案的研究和完善，研究综合国内外立法经验，探索适合中国国情的应对气候变化法制路径，努力为应对气候变化立法创造内部条件和外部环境（田丹宇 等，2019）。可以开展法治建设，完善标准体系，制定适应战略和计划。对于政府部门，可进一步推动气候变化相关法律法规并将健康融入制定过程，明确气候变化适应战略目标、职责分工、监测、评估和报告制度、资金来源等关键问题，制定定期气候变化健康风险评估、适应行动评估等制度。对于社会和个人，可以积极参与适应气候变化相关法律法规、标准体系、策略规划的制定中，从具体实践者和受益者角度丰富、完善政策法规，并推动政策法规的制定，监督行动落实情况。

第十节　积极适应气候变化的风险

适应气候变化是人类社会面临气候变化不利影响和关键风险的主要行动，具体是指个人、地方、区域和国家各级采取行动，以减少当今气候变化带来的风险，并为未来可能发生的其他变化带来的影响做准备（秦云 等，2022）。通过积极、及时和有效的适应性规划行动，可减少气候变化带来的健康风险。通过可持续性发展建立气候变化适应能力，健全气候变化风险管理机制，加强气候变化对人群健康影响的评估，制定气候变化影响人群健康应急预案，加强预测预报和综合预警系统建设，加强气候灾害管理和教育培训，营造积极适应气候变化风险的良好氛围。

积极适应气候变化风险需要政府部门、企业机构和家庭个人积极发挥各自群体的特点和优势，从不同角度，不同路径开展气候变化健康适应行动。政府部门首先要制订气候变化健康适应行动规划，专门制订健康适应行动以保证卫生部门的主体作用，也需丰富并扩展现有适应行动中健康领域内容。其次，需要建立具有气候韧性的卫生健康系统，提高气候变化相关公共卫生服务以及健康相关基础设施建设。然后，需要积极推动与气象、生态、自然资源、住建等多部门的联动合作，巩固适应规划和健康系统。在此基础上，完善气候变化相关法律法规、完善监测网络和风险评估、加强健康传播和干预服务，提高极端天气应急处置能力。此外，政府部门需发挥健康特色，提高气候变化健康适应领域专业和科研能力，加强专项经费支撑，以未来视角开展气候变化健康适应行动。企业机构可以充分发挥科技创新能力，积极应用新知识、新技术、新媒介，一方面积极参与政府部门合作，推动健康和非健康领域合作，提升气候变化健康领域专业和研究能力；另一方面实践、推广、优化风险评估、健康传播、干预服务、应急处置等工作。还可以作为实践者和监督者，为建立气候韧性卫生健康系统、制定气候变化适应政策法规提供需求和参考意见。公民是健康适应行动的终点，也是健康适应行动的重点，应积极响应气候变化健康适应行动规划，学习气候变化健康知识和技能，了解风险评估内涵，掌握应急处置能力，参与气候变化健康预测预警和干预服务。同企业机构一样，个体是行动倡议的实践者和监督者，可以评价各类行动的效果，提出切实的适应需求和可能的方法路径。

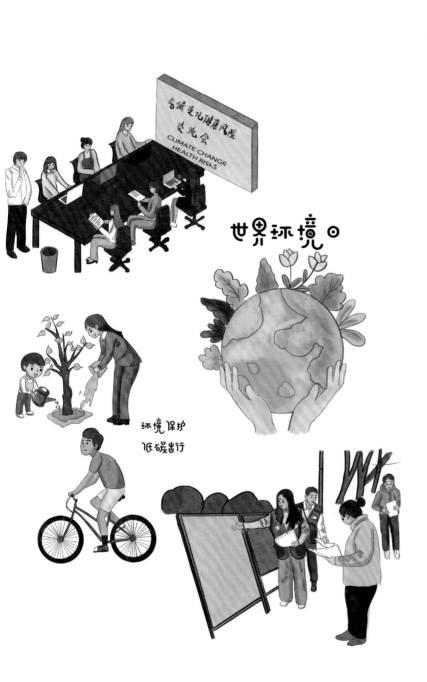

气候变化健康风险
交流会
CLIMATE CHANGE
HEALTH RISKS

世界环境日

环境保护
低碳出行

第十七章 应对气候变化健康风险的公众行动

第一节　气候变化健康风险的科普宣传

在气候变化健康风险日益受到全世界公众广泛重视的背景下，各个国家和地区通过世界卫生日、世界环境日、全国低碳日等活动积极开展气候变化健康风险的科普宣传，各类科研教育机构和有关单位也通过各种契机普及气候变化健康风险知识。

世界卫生日为每年 4 月 7 日，主要关注影响国际社会的重大公共卫生问题，旨在引起世界各国对卫生问题的重视，并动员世界各国人民普遍关心和改善当前的卫生状况，提高人类健康水平。2023 年，世界卫生日的主题是"改善公共卫生的七十五年"，中国主题为"优质资源下沉，人人享有健康"，其中强调应对气候变化相关卫生挑战，倡议发起气候与卫生变革行动联盟，建立适应气候变化和可持续的卫生系统。往届世界卫生日也曾专门设置气候变化主题。例如，2022 年世界卫生日中国主题为"健康家园，健康中国"，重点宣传气候变化（全球变暖、臭氧层破坏、酸雨、干旱、洪水、空气污染）对人类造成的健康威胁以及应对气候变化的中国行动。2008 年，世界卫生日的主题是"应对气候变化，保护人类健康"，旨在通过加强传染病监控，安全使用不断减少的水资源和应急处置的卫生行动等合作，应对气候相关的卫生挑战。各个国家和地区以世界卫生日为契机，向公众开展形式多样的科普宣传活动。

世界环境日（每年 6 月 5 日）主要关注环境污染与生态破坏，是促进全球环境意识、提高对环境问题的注意并采取行动的主要媒介之一。2023 年，世界环境日的主题为"塑料污染的解决方案"，中国主题为"建设人与自然和谐共生的现代化"。联合国环境规划署在科特迪瓦举行主场活动宣传活动，全球数百万人共同响应环境日主题，公众可以通过网站和宣传活动学习气候变化、环境污染等环境问题相关的知识和技能，分享自己环保行为产生的影响。我国在济南举行主场宣传活动，展示新时代我国生态环境保护进展和全社会共同参与美丽中国建设的生动场景。环境日主题宣传片和宣传海报可在中华人民共和国生态环境部官网查阅，主要体现构建人与自然和谐共生的现代化，包括加快发展方式绿色转型，深入推进环境污染防治，提升生态系统多样性、稳定性、持续性，积极稳妥推进碳达峰、碳中和等。

气候变化可以导致全球变暖、臭氧层破坏、生物多样性减少等多种威胁人类生存的环境问题，往届世界环境日设置许多气候变化应对相关主题。例如，1991年，世界环境日的主题为"气候变化，需要全球合作（Climate Change. Need for Global Partnership）"；2009年主题为，"地球需要你：团结起来应对气候变化（Your Planet Needs You：Unite to Combat Climate Change）"；2014年，联合国在线发布公益动画《绿》，号召公众绿色消费，节能减排，以应对全球气候变化带来的挑战。21世纪以来，世界环境日又多次涵盖绿色生活、绿色经济、绿色发展等与应对气候变化相关的主题，宣传气候变化健康风险和应对措施。近10年世界环境日主题见表11-1。

为普及气候变化知识，宣传低碳发展理念和政策，鼓励公众参与，推动落实控制温室气体排放任务，我国自2013年起，将节能宣传周的第3天设立为全国低碳日。2023年全国低碳日定为7月12日，主题为"积极应对气候变化，推动绿色低碳发展"，生态环境部和有关部门和单位围绕宣传主题，开展形式多样的宣传活动，深入宣传低碳发展理念，普及应对气候变化知识，提升公众低碳意识，推动全社会形成绿色、低碳、可持续的生产生活方式，凝聚全社会合力，积极应对气候变化，相关宣传见中华

表 11-1　近 14 年世界环境日主题

年	世界主题	中国主题
2010	多样的物种，唯一的地球，共同的未来	低碳减排·绿色生活
2011	森林：大自然为您效劳	共建生态文明，共享绿色未来
2012	绿色经济：你参与了吗？	绿色消费，你行动了吗？
2013	思前，食后，厉行节约	同呼吸，共奋斗
2014	提高你的呼声，而不是海平面	向污染宣战
2015	可持续消费和生产	践行绿色生活
2016	为生命呐喊	改善环境质量，推动绿色发展
2017	人与自然，相联相生	绿水青山就是金山银山
2018	塑战速决	美丽中国，我是行动者
2019	蓝天保卫战，我是行动者	蓝天保卫战，我是行动者
2020	关注自然，刻不容缓	美丽中国，我是行动者
2021	生态系统恢复	人与自然和谐共生
2022	只有一个地球	共建清洁美丽世界
2023	塑料污染的解决方案	建设人与自然和谐共生的现代化

人民共和国生态环境部官方网站。往届全国低碳日也有涉及气候变化应对主题，如 2018 年主题为"提升气候变化意识，强化低碳行动力度"，历年全国节能宣传周和全国低碳日主题见表 11-2。

　　除了特定节日的健康科普宣传，卫生健康、气象、生态环境、城市建设等部门，以及科研机构和高校等积极利用线上途径宣传气候变化健康风险。例如，国家卫生健康委的微信公众号"健康中国"针对热浪、寒潮、气温变化等极端天气气候变化导致的传染病（流感）和慢性病（心血管疾病）健康风险进行宣传。中国气象局公共气象服务中心开展健康气象宣传服务，提供气象和健康预测预警信息，普及健康气象知识，并在同名公众号发布针对热浪、寒潮、降温、台风等极端天气气候事件的健康风险，脆弱人群，预防措施等信息。清华大学长期开设"气候变化大讲堂"和公开课"碳中

表 11-2　历年全国节能宣传周和全国低碳日主题

年	节能宣传周主题	全国低碳日主题
2013	践行节能低碳,建设美丽家园	践行节能低碳,建设美丽家园
2014	携手节能低碳,共建碧水蓝天	携手节能低碳,共建碧水蓝天
2015	节能有道,节俭有德	低碳城市,宜居可持续
2016	节能领跑,绿色发展	绿色发展,低碳创新
2017	节能有我,绿色共享	工业低碳发展
2018	节能降耗,保卫蓝天	提升气候变化意识,强化低碳行动力度
2019	绿色发展,节能先行	低碳行动,保卫蓝天
2020	绿水青山,节能增效	绿色低碳,全面小康
2021	节能降碳,绿色发展	低碳生活,绿建未来
2022	绿色低碳,节能先行	落实"双碳'行动,共建美丽家园
2023	节能降碳,你我同行	积极应对气候变化,推动绿色低碳发展

和视角下的全球气候变化及应对"等内容。中国大学慕课课程从能源、社会、污染、自然地理、大气科学、城市规划等角度介绍气候变化理论与应对方式。公众可以通过各类节日和宣传活动,了解气候变化健康风险,积极应对气候变化威胁。

第二节　气候变化健康风险交流活动

随着气候变化进程加剧,全球各地都在积极开展气候变化健康风险普及宣传,各个国家和地区的公众可以通过各类报告、会议和活动了解气候变化健康风险,参与气候变化健康风险交流活动。联合国气候变化框架公约(The United Nations Framework Convention on Climate Change,NFCCC),是联合国 1992 年设立的"政府间气候变化纲要公约谈判委员会",历年召开缔约方会议(Conference of the Parties,

COP），进行气候变化风险交流，讨论如何共同应对气候变化问题。2023
年底，联合国气候变化大会（COP28）在阿联酋迪拜举办，大会将对世界
各国在实现《巴黎协定》目标方面取得的进展进行首次盘点。除了各国代表，
来自世界各地的企业界、青年、民间社会和当地社会、学术界、艺术家和
时尚界人士和公众也参与会议交流，表达自己的想法，发出自己的声音。
公众也可以通过个人生活方式的改变应对气候变化危机，如节约能源使用，
步行、骑行或乘坐公共交通，多吃蔬菜，采用绿色旅行方式，减少食物浪
费等。

往届 COP 主要通过风险交流和责任归属达成各类减排协议。1995 年，
COP1 通过工业化国家和发展中国家《共同履行公约的决定》，要求工业
化国家和发展中国家"尽可能开展最广泛的合作"，以减少全球温室气体
排放量。1997 年，COP3 通过了《京都议定书》，要求从 2008—2012 年
期间，主要工业发达国家的温室气体排放量要在 1990 年的基础上平均减
少 5.2%。2009 年，COP15 发表《哥本哈根协议》，虽为不具法律约束
力的政治协议，但表达了各方共同应对气候变化的政治意愿。2015 年，
COP21 通过《巴黎协定》，为 2020 年后全球应对气候变化行动作出安排，
指出长期目标是将全球平均气温较前工业化时期上升幅度控制在 2℃以内，
并努力将温度上升幅度限制在 1.5℃以内。2021 年，COP26 达成《格拉斯
哥气候公约》，首次明确表述减少使用煤炭的计划，并承诺为发展中国家
提供更多资金帮助它们适应气候变化。

IPCC 是由世界气象组织和联合国环境规划署于 1988 年联合建立的政
府间机构，由各国科学家在全面、客观、公开和透明的基础上，为决策人
提供对气候变化的科学评估及其带来的影响和潜在威胁，并提供适应或减
缓气候变迁影响的相关建议。IPCC 评估工作分为 3 个工作组，共编写 6
次气候变化评估报告，其中第二工作组主要负责评估气候变化对自然系统

和社会经济系统的影响等。科学家们的评估过程和评估结果是气候变化健康风险交流的有效途径。

1990 年第一次评估报告充分考虑气候变化的潜在影响，其中气候变化对人类健康的影响主要强调了全球变暖和紫外辐射增强导致的相关疾病。全球变暖可能会改变媒介传染病的发病率和 / 或分布，改变水质和水资源的获得影响人类健康，改变干旱情况引起饥荒和营养不良，对人类健康和生存有重大影响。

1995 年 IPCC 发布第二次评估报告，在人类健康风险领域进一步强调气候变化对人类健康产生的间接影响，如媒介传染病、空气污染、粮食和渔业生产力下降、淡水供应下降等。人群脆弱性主要涉及环境和社会经济状况、营养和免疫状况、人口密度、高质量健康保健服务。减少健康影响的适应方案包括保护性技术（如遮盖、空调、水清洁、免疫）、防灾、合适的健康保健等。

2001 年第三次评估报告在健康风险领域主要强调短时天气过程的健康影响，包括酷热、空气污染、风暴和洪水。报告分析了非洲、亚洲、美洲等不同区域适应能力、脆弱性和重点关注的问题。提出适应性措施可能包括加强公共健康基础设施建设，以健康为导向的环境管理（包括空气和水质量、粮食安全、城市和房屋设计、地表水的管理）及提供适当的医疗设施。

2007 年第四次评估报告指出气候变化可以通过增加极端天气气候事件、提高城市 O_3 浓度、改变媒介空间分布等方式影响人群健康。适应措施包括开展热相关健康行动计划，提供急诊医疗服务，开展气象敏感性疾病监测和控制，提升用水安全和水消毒能力等。

2014 年第五次评估报告指出，极端天气气候事件（热浪、干旱、洪水、气旋和野火等）的影响，揭示了生态系统和人类系统对当前气候变化的严重脆弱性和暴露程度。极端天气气候事件可导致生态系统的改变、粮食生产和供水的中断、基础设施和住区的破坏，增加人群发病、死亡和遭受伤害的风险，影响人类精神健康和人类福祉等。

2022 年第六次评估报告综合考虑脆弱性、人口和社区的动态结构等因素，评估气候变化对健康和福祉的影响，进一步强化气候变化带来的人群健康风险，指出对气候敏感疾病、过早死亡、营养不良，以及对精神心理健康和生活满意度的威胁正在增加，同时提出应对气候变化风险可能需要特别关注的是适应性挑战、解决方案以及发展路径。

1990	1995	2001	2007	2014	2022
第一次评估报告	第二次评估报告	第三次评估报告	第四次评估报告	第五次评估报告	第六次评估报告
全球变暖和紫外辐射增强导致的相关疾病	气候变化对人类健康产生的间接影响	短时天气过程的健康影响	气候变化通过增加极端天气气候事件、提高城市 O_3 浓度、改变媒介空间分布等方式影响人群健康	极端天气气候事件（热浪、干旱、洪水、气旋和野火等）的影响	综合考虑脆弱性、人口和社区的动态结构等因素评估气候变化对健康和福祉的影响

气候变化健康风险相关评估内容

国际知名医学期刊《柳叶刀》自 2017 年起每年总结气候变化人群健康风险并发布柳叶刀人群健康与气候变化倒计时报告，旨在呼吁决策者和公众积极应对气候变化，保护人群健康。《2022 柳叶刀人群健康与气候变化倒计时报告》重点关注化石燃料与人群健康，指出持续依赖化石燃料加剧多重危机对健康的影响。自 2020 年起，中国同时发布中国版柳叶刀倒计时报告。2022 年，中国版报告改进了许多评估指标，还考虑到户外运动的热潮以及弱势人群的健康问题，增加了高温对安全户外运动时长的影响及气候变化对老年人健康影响 2 个指标。报告指出，我国气候变化对公众健康造成的威胁亦尤为突出，其中中国居民的健康受极端降水和登革热疾病的影响在过去 10 年中呈现上升趋势，65 岁以上人群比其他年龄段的人群更容易遭受气候变化的健康风险。

除了定期国际评估报告，各个国家和地区通过定期风险评估和各类学术会议交流气候变化健康风险。例如，美国国会要求每 4 年发布国家《气候评估报告》。2018 年，第四次评估指出气候变化将威胁人类的健康与福祉，导致极端天气增加，空气质量发生变化，昆虫、害虫传播的新疾病暴发，食物和水供应发生变化。国际流行病学大会、清华大学联合举办的"气候变化和绿色发展主题论坛"、中华预防医学会环境卫生分会举办的"中国环境与健康大会"每次均会设置气候变化与健康影响主题，及时分享和交流气候变化带来的健康风险。广大公众可以通过多种途径，参与气候变化健康风险交流活动，共同应对气候变化健康风险。

第三节　公民应对气候变化健康素养

全球气候变化是人类共同面临的巨大挑战。应对气候变化既是我国现代化进程中长期而艰巨的任务，又是当前发展中现实而紧迫的任务。气候变化与个人生活紧密相关，高温热浪、极端降水等极端天气气候事件已经影响公民的日常生活和身体健康。公民在应对气候变化中扮演着非常重要的角色，是应对气候变化最基本的行动单元。家庭和个人的消费行为和生活方式的改变可以为减缓和适应气候变化带来巨大影响。公民对应对气候变化的健康知识、技能和行为的熟悉程度是政府制定气候政策的重要依据。因此，提高公民应对气候变化健康素养水平，"自下而上"地推动公众参与是将应对气候变化不断引向深入的关键所在。

2019 年 7 月，"居民环境与健康素养水平"纳入《健康中国行动（2019—2030 年）》中"健康环境促进行动"目标。到 2022 年和 2030 年，居民环境与健康素养水平应分别达到 15% 以上和 25% 以上。2020 年 7 月，生态环境部发布《中国公民生态环境与健康素养》，引导公民正确认识人与自然的关系，树立环境与健康息息相关的理念，动员公众力量保护生态环境、维护身体健康。在积极应对气候变化的背景下，还应大力提升公民应对气候变化的健康素养。针对气候变化与健康的基本知识和理念（基础知识、健康影响、政策和行动）、基本技能（关注天气、应对极端天气气候事件、健康防护）、健康生活方式与行为（减缓和适应、节能减排、低碳消费、环境保护、积极参与气候变化应对）等方面，对公民开展宣传教育。只有公民对气候变化健康风险的认知水平和应对气候变化能力得到提升，才会积极主动地参与气候变化的减缓和适应，在当前气候变化的背景下保护好自身和家人的身体健康。

第四节　气候变化社区干预实践

基于气候变化带来的巨大健康危害，如何应对气候变化已成为世界、我国以及公众亟待解决的问题之一。应对气候变化可以从减缓和适应两方面着手。减缓气候变化指减少气候系统中温室气体以减缓气候变化进程，适应策略则是提升人们对气候变化的适应行为水平。通过减缓可大幅降低 21 世纪后半叶气候变化的影响，但现阶段的气候变化风险应对需要通过现实适应达到效益，而未来也可以通过适应新出现的风险实现新的效益。公众气候变化健康领域的适应水平是国家适应气候变化的基础，现阶段社区干预服务实践是提升公众健康适应水平的有效途径。

　　欧洲、澳大利亚、美国、加拿大和我国部分地区已开展了一系列综合社会干预实践，取得一定的成果，为社区干预策略和措施的制定提供了参考依据。2004 年，西班牙推出了国家健康预防计划，即"防止高温健康影响的国家预防行动计划"，发现该计划实施后极端高温导致的死亡率有所下降，但中度高温导致的死亡率上升明显。2009 年澳大利亚的一项研究评估了极端高温对老年人健康的影响和行为改变，发现干预组和对照组两组人群极端高温下的适应行为均发生改变，其中干预组使用湿布和空调两项干预措施的执行率明显提升，热应激率明显降低。

　　我国在部分地区也开展了气候变化健康社区干预实践。2017 年，在江苏省东台市对小学生开展了以应对极端高温意识和能力的健康教育为主的干预实践，发现健康教育对应对极端高温健康危害具有积极作用，最有效的干预实践是参与兴趣活动，开展体验式学习。此外，通过对学生的干预实践，还能通过"小手拉大手"的形式提高其家长对热浪和健康的知识理解能力。2019 年，江苏省徐州市新沂市对农村地区老年人的热暴露健康效应进行了研究，以综合健康敏感性指数为适应水平基础，开展了健康教育（讲座、发放相关材料、沟通）、补贴支持（提供补贴以抵消空调的运行成本）和冷却喷雾（在院子里安装一台冷却喷雾设备）3 种干预实践，发现健康教育、补贴支持和使用冷却喷雾等行为可有效地降低高温暴露带来的健康影响。健康教育和补贴支持可以增加政府和社区对弱势群体的帮助。冷却喷雾的覆盖范围和效果虽然存在局限性，但由于其低碳排放特点可考虑通过设备优化扩大干预范围，提升干预效果。近年国内外气候变化社区干预实践汇总见表 11-3。

　　我国国家科技基础资源调查专项"我国区域人群气象敏感性疾病科学调查"于 2019—2020 年，在我国 11 个气象地理区划中的 11 个城市

表 11-3 近年国内外气候变化社区干预实践汇总

调查地点	调查对象	干预方式	结果
西班牙	所有人	防治规划：西班牙国家高温健康预防计划	极端高温导致的死亡率从 0.67% 下降到 0.56%，但中度高温导致的死亡率从 0.38% 上升到 1.21%，其中老年人死亡率下降最显著
意大利	75 岁及以上的老年人	社会干预：消除社会隔离的老年人长寿计划	实施干预计划城区和未实施干预计划城区的累计死亡率分别为 25% 和 29%
印度艾哈迈达巴德	所有居民	意识和健康干预，热行动计划	最高温度超过 40℃ 时的非滞后死亡率为 0.95%，最高温度超过 45℃ 的非滞后死亡率为 0.73%，总体干预避免了 1190 例死亡
澳大利亚	65 岁及以上的老年人	健康教育；信息折页	与对照组相比，干预组在高温天气使用空调率提高，热浪天气使用湿布降温的行为执行率提高，且有更高的信息来战胜炎热的信念
加拿大蒙特利尔	所有居民	建议和紧急公共卫生措施	实施高温行动计划后，每日死亡人数平均减少 2.52 人
中国江苏新沂	无基础疾病的老年人	健康教育，津贴支持，冷却喷雾	短期热暴露对收缩压和深度睡眠时间有显著影响，可通过 3 种干预措施缓解
中国江苏东台	小学生	健康教育	学生及其家长在知识、态度、实践 3 个维度的得分分别提高了 19.9% 和 22.5%、9.60% 和 7.22%、9.94% 和 5.22%
中国山东济南历城区	居住在调查地的 14 岁以上的社区居民	健康教育网络	干预组知识、态度和实践得分分别提高 0.387、0.166 和 0.037 分
中国黑龙江哈尔滨、江苏南京、深圳、重庆	18 岁及以上的社区常住居民	发布高温热浪健康风险预警、开展健康教育和健康促进活动	干预前后 4 个城市社区居民在知识、态度和行为方面的改变均有改善，其中性别、年龄、文化程度、是否经常锻炼身体是干预效果的主要相关因素
中国黑龙江哈尔滨	18 岁及以上的社区居民	哈尔滨市热浪健康风险预警系统	干预前、后在知识知晓率、态度转变率、行为形成率方面差异均有统计学意义；年龄、文化程度、锻炼、干预对知识、态度、行为的影响差异均有统计学意义

和 1 个县，针对社区居民、小学生和医务工作人员，开展了为期一年的干预服务。项目将目标人群按整群随机分为干预组和对照组，干预组分春、夏、秋、冬四季通过开展讲座、班 / 队会、海报张贴、微信或 QQ 等教育信息宣传，预测预警信息传播，竞赛竞答比赛，健康教育处方等健康教育为主的干预服务，发现人群预测预警和干预服务能提升社区居民和小学生气象敏感性疾病知识、态度、风险感知和适应行为，还能提升医务工作者气象敏感性知识和行为水平。

预警系统是提升气候变化应对能力的有效措施。我国在哈尔滨、南京、深圳和重庆 4 城市对社区居民应对高温热浪行为采取了干预实践。2013—2014 年夏季，通过发布高温热浪健康风险预警、开展健康教育和健康促进活动，提高了社区居民的高温热浪知识、态度及实践水平。2014—2015 年期间，山东省济南市历城区开展热浪干预实践，发现发放高温补贴及调整工作时间这两项措施能有效提高热浪应对知识和态度水平。同时期的成本效益发现，通过建立三级（市 / 区—镇 / 街道—村 / 社区）卫生保健网络、高温预警和准备（通过社区工作者发放热浪相关知识的小册子）、24 小时咨询服务、热相关训练（针对医生）4 种干预措施，干预组减少 1 例热相关疾病的成本为 15.06 美元，低于对照组的 15.69 美元（Li et al.，2016a）。此外，经费保障是进行气候变化社区干预的基础，但如何将经费的效益最大化也是一个值得思考和探索的问题。

社区干预实践可以提升气候变化应对的知识水平，但是产生态度和实践行为的改变通常需要长期持续的干预实践过程。早期预警系统的应用和健康教育的干预实践，应针对不同的脆弱人群采取特定性的干预措施。例如，考虑到学生接受知识的能力较强，但习惯一旦养成就很难作出行为改变，因此对学生的干预实践应更多地从知识转移到行为改变。在未来的干预中，学校可以制定更多相关课程改善学生的行为或帮助他们养成良好的习惯。此外，不同部门间要增强合作与沟通，增加干预实践经费的投入。针对不同的对象，要使用不同的干预方法、不同的沟通和信息传播手段，以取得最佳的效果，从而减少气候变化的健康影响。

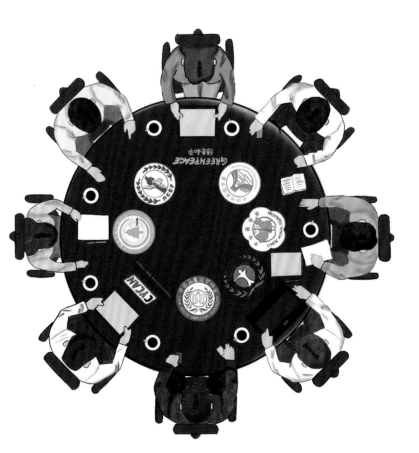

第十八章　应对气候变化健康风险的非政府组织行动

第一节 应对气候变化健康风险的非政府组织

非政府组织（Non-government organization，NGO）是一类独立于政府之外的民间非营利组织。它们围绕各个社会问题如人权、环境、气候变化和健康等自发组织起来，以实现某种社会福利目标而努力。非政府组织具有民间性、组织性、公益性、非营利性、自治性和志愿性等特征。他们通过向政府反映公众关注的问题、监督政府工作、鼓励公众参与等方式发挥作用；当然，他们也能提供专业知识和服务，充当社会预警系统，并在国际协议的执行中发挥协助监督作用。

非政府组织在国内健康领域发挥着重要的角色，如中华医学会在开展医学科技项目评审、提供医学科学技术论证，开展科研及专科医师的培训方面卓有成效，中华预防医学会在促进预防医学发展、预防队伍建设以及推广普及方面成绩斐然，中国健康促进与教育协会、中国卫生监督协会等诸多非政府组织在支持卫生体系建设、提供相关卫生服务、参与健康政策和标准的制定、代表民意监督政府影响决策及动员公众参与健康行动发挥着重要作用。同时在应对气候变化方面，国内的如绿色和平、中华环保联合会、中国绿色碳汇基金会、中国青年应对气候变化行动网络等非政府组织在参与全球气候治理，推动气候变化纳入国内议题、参与相关政策的研究与咨询、开展知识传播和教育、进行专业研究、政策倡导和监督等方面也大有作为。经过多年发展，中国非政府组织在健康和气候变化领域积累了丰富经验，并被政府和公众广泛认可，使其能够成为政府、企业、公众间的弥合剂，在三者之间积极作为，发挥着独特的作用。非政府组织在应对气候变化健康风险领域的发展，体现了中国社会日益开放包容的态度，相信在未来它们将会为解决社会问题，实现公益目标提供了新的力量和途

径，共同推动中国社会的进步。

随着气候变化对人类健康的影响日益凸显，非政府组织在应对气候变化健康风险方面发挥着越来越重要的作用。虽然这些组织在应对气候变化健康风险方面的行动还处于起步阶段，但已初步表现出以下 5 个特点。

第一，大多依附于政府，在政府主导的框架内开展活动。根据《社会团体登记管理条例》，非政府组织的登记必须有党政机关或事业单位同意作为其业务主管部门，并受民政部门监督。尽管党的十八届三中全会后，部分非政府组织登记、管理有所放松，但大部分仍然存在很大的政府依赖性。与此同时，政府更倾向于扶持教育、文化、卫生等领域，这对于应对气候变化健康风险的非政府组织而言，既是机遇也是挑战。

第二，更具有行动意愿，体现出较强的积极参与性。应对气候变化健康风险这一话题提供了大量创新的空间，未来社会更多的资源也将向这个领域倾斜，非政府组织将自身相关工作整合到该主题之下，既响应国际趋势，也与国内政策环境变化紧密贴合，潜力巨大，可以在未来获得更多资金、政策等方面支持。

第三，大多偏向于宣传，处于强化公众认知阶段。由于具有前瞻性和预测性的气候变化议题往往在发生严重后果后被人们认知，而且除一些极端天气气候事件对健康的影响表现为直接且即时的影响外，其他气候变化带来的健康影响往往是间接且具有滞后性的，非政府组织对公众在应对气候变化健康风险方面的意识培育尤为困难。因此，非政府组织通常通过研究和发布报告间接影响政府政策，以及通过各种形式的活动强化公众认识，起到教育和引导的作用。

第四，更倾向于合作，体现出较强的与企业和政府合作的策略。气候变化议题涉及多部门、多领域，对专业要求较高，非政府组织往往会联合企业、高校及研究机构建立深化合作关系，对重点议题开展数据采集、分析研究等工作。同时我国的制度安排和公众依赖政府的习惯，使得非政府组织在开展工作时需要更多与政府合作，在其中作为重要的辅助和支持力量。

第五，大多深耕于本土，组织国际化和全球化参与的趋势在进一步强化。非政府组织参与国内健康事业有着较为深厚的基础，而气候变化对健康的影响是跨国际的，不仅体现在不同国家和地区之间，还体现在国家内部不同区域，以及不同代际人群之间。根据《2022柳叶刀人群健康与气候变化倒计时报告》，中国及周边亚洲国家的气候健康风险增长迅速，中国是全球气候变化的敏感区和影响显著区，气候变化对公众健康造成的威胁尤为突出。因此，本土非政府组织走向国际，与国际非政府组织、多边组织等开展合作交流势在必行，气候变化与健康适应议题将极大促进中国非政府组织参与国际公共事务，发挥国际影响力。

第二节　未来应对气候变化健康风险的非政府组织行动

气候变化带来的健康风险日益严重，图 18-1 显示了非政府组织可以通过 5 种方式来共同应对这一难题。

图 18-1　未来应对气候变化健康风险的非政府行动

广泛开展国内外合作

随着中国参与全球治理需求的增强，中国外交和发挥国际影响力都需要全球健康方面的非政府组织参与。应对气候变化健康风险的议题正在兴起，国际上目前还没有完全成熟可靠的经验可供参考，这为国内非政府组织的参与提供了较好的机遇，国内非政府组织可以积极参与到中国全球健康战略的执行，增强本土社会组织的全球视野。在国际上积极倡导气候公平、气候变化与健康适应等，提出议题，争取良好发展环境，共同应对气候变化带来的健康影响。如对所选议题精细化设计，常态化开展国际交流活动，积累观点和深化研讨，以引领话题和研究方向，增强对有关数据和成果的解读等。又如社会组织向国际协会发展，在应对气候变化健康风险方面，慢性病、老龄化、特殊群体、气候变化与环境污染协同带来的健康损害等可以与其他国家或国际组织结成会员制的国际性联盟，从而在应对气候变化健康风险方面发挥中国专业协会的国际影响力。

同时，国内非政府组织与行政体系关系较为密切，健康服务属于受到鼓励的公共服务提供领域和学术专业领域，非政府组织可以积极争取与政府、企业合作，如参与到气候变化健康风险的评估，支持政府提升医疗系统的气候健康韧性，在不同部门间作为补充性公共服务提供者，融入行政体系中，发挥倡议、服务、动员群众参与等作用，共同应对气候变化带来的健康风险。

开展专业研究，推动决策制定

围绕气候变化健康适应，非政府组织应发挥咨询和信息处理的作用，与高校、科研机构等广泛开展基础科学研究工作，进行气候变化健康影响相关评估和研究，建立应对气候变化健康影响共识。非政府组织也应配合政府参与推动我国气候变化健康适应策略与行动体系的搭建，在政府制定健康适应行动规划、相关决策中发挥非政府组织的影响，在政策中反映公众与社会利益。如中国可持续发展工商理事会制定并发布了许多温室气体核算导则，其中《石油化工生产企业 CO_2 排放量计算方法》（SH/T 5000—2011）已经被采纳为行业标准。又如，由北京地球村等组织发起的"26℃空调节能行动"一开始只是针对公众的节能宣传和参与活动，后来这一措施成功被政府借用到建筑节能法规中。

此外，非政府组织还可以促进形成更多有益健康的公共卫生策略，在卫生服务和病人之间形成更有效的联系，增强对群体的健康干预以及人群对卫生干预措施的遵循。例如，非政府组织在控烟、促进母乳喂养和婴幼儿营养健康等问题上，通过为政府提供专业证据、广泛宣传、开展公共游说，形成社会舆论压力来促进并监督相关健康策略的实施，非政府组织在应对气候变化健康风险方面可以借鉴。

协助开展气候变化健康风险适应项目

非政府组织与政府的合作形式可以更加多样化，如政府以项目的形式支持非政府组织开展气候变化健康风险适应项目，实现目标的同时政府也能通过非政府组织获得新的理念和经验；非政府组织可以向政府申请资金进行援助试点项目，投资关注适应气候变化健康风险的中长期项目，如土壤营养和气候适应性农业，支持粮食安全，从而获得更安全、更具有营养价值的粮食，保障人体健康；开展城市规划建设案例设计适应极端天气气候事件或者支持气候变化下韧性社区建设或者开展气候次生灾害对居民社会心理疏导等项目。非政府组织也可以广泛开展调研论证，利用专业知识帮助健康领域相关企业抓住机遇，促进企业发展并承担社会责任。例如，非政府组织可以搭建平台，帮助企业对老年护理和居家养老进行调研，提出老年人在极端天气气候事件中更易受损的现状以及相应的服务需求，帮助企业开发新的业务，激励企业参与应对气候变化带来的健康影响。非政府组织在此过程中既是发现需求与机遇的"探路者"，也是促进企业社会责任的"推动者"，有利于社会各界在应对气候变化的健康影响方面形成合力。

非政府组织还可以通过开展适应风险人才培养和支持项目提升自身专业能力。建立与专家的联络和交流机制，探索公益人才体系建设，通过培训、实务操作加快提升人才专业实务能力，推动气候变化健康风险适应。例如，政府关注碳排放与农村健康发展、乡村振兴之间的关系，能够识别这些关键问题的非政府组织，才会有机会与政府合作，这就需要非政府组织具有较强的专业素养和洞悉政府内部动态的能力，进一步考虑人均碳排放量和未来气候变化下的健康风险，应对策略及相关社会经济损失等因素，非政府组织还需要有更强的政府动员和议程设定、衔接公众的能力。

提高公众意识，推动全社会广泛参与

　　非政府组织可以制定适应气候变化相关科普指南、出版刊物、政策解读等，充分利用世界气象日、国际减灾日、全国防灾减灾日、世界防治荒漠化与干旱日、生物多样性日、世界环境日等契机，通过游说、讲座、论坛等宣传形式使公众意识到气候变化带来的健康风险。积极开展学校、社区综合防灾减灾健康宣教和竞赛，广泛动员企业、社区、社团、公民积极参与适应气候变化工作，推动适应行动主体多元化。设计有针对性的信息披露和沟通机制，如通过政策简报、交流研讨会以及调研考察等形式，加强沟通交流，充分利用媒体、个人网络和有影响力的赞助者来获得更大的自治权和议程设定权。采取"互联网 + 服务"模式，线上线下相结合，形成全社会广泛参与氛围。例如，2011 年 40 家中国非政府组织发起了一项名为"C+ 行动：超越政府承诺、超越气候、超越中国"的长期性气候运动，旨在动员企业、社区、校园以及个人在节能减排方面采取积极行动，取得了一定效果。

非政府组织可以对气候变化健康适应实施情况进行监督评价

　　通过对重点议题开展数据采集、分析研究和评估，非政府组织可以将相关信息建议及时反馈给有关部门或企业。同时，非政府组织在健康适应方面可以建立公众知情选择，引导促进公众对气候变化健康风险的关注、参与、监督，特别关注脆弱人群的反馈和需求，协助推动政府实现健康保护目标。

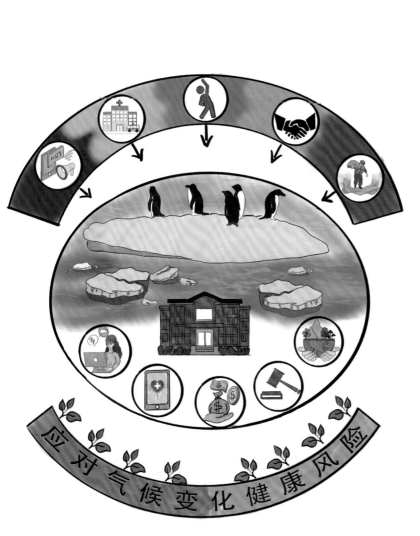

应对气候变化健康风险

第十九章 应对气候变化健康风险的挑战与展望

气候变化正在并将持续影响人群健康，随着全球持续升温和极端天气气候事件频发，气候变化带来的健康风险对中国公众的威胁越来越大，针对这一挑战，政府及学术界也不断加强认识并采取积极行动。2022 年《健康中国行动报告》明确将应对气候变化与健康行动纳入年度工作重点。《国家气候变化适应战略 2035》首次将"减少气候变化的健康风险"纳入健康中国行动的工作重点。2020—2021 年，中国学者发表的与气候和健康相关的文章以及媒体对于气候和健康的相关报道数量，分别增长了 1.42 倍和 2.8 倍。这些都显示了目前我国已经提高了对气候变化健康风险的关注度。

然而，目前针对气候变化健康风险的认识、行动方案仍不足。一方面，对气候变化影响健康的机制和效应评估不够，不能准确认识现在及预测未来的健康风险，为采取精准的应对措施带来了阻碍；另一方面，气候变化健康影响的早期预警系统机制尚未完善，多元治理体系也仍未建立，这给缓解和适应气候变化健康风险带来了巨大挑战。此外，公众气候适应理念滞后，参与度普遍不高；地方政府落实国家气候应对方案执行力不足，气候变化健康适应行动方案责任分工不明确，参与适应工作的社会组织数量和质量较低等。这意味着在应对气候变化健康风险上，还有很长的路要走。未来要持续加大政策引导，加强体系、能力建设，加深气候变化健康风险的认识，促进更广泛的人群健康。

第一节　应对气候变化健康风险的挑战

科学界对气候变化健康风险的科学认识不足

气候变化对健康的影响是一个复杂的过程，科学的认识是妥善应对气候变化健康风险的前提。科学研究是提升科学认识的重要推手，虽然目前我国的学者参与的气候变化与健康相关研究数量和论文发表量均有所提升，但对气候变化健康风险的区域分异规律、作用机制等缺乏深入的研究，气候适应的能力评价理论体系尚不完善，对未来气候变化的预测，针对气候系统异常早期信号捕捉、气候变化健康影响综合评估模型的研究还存在不足。并且气候变化与健康作为一个交叉学科，需要多学科多部门的共同合作，各取所长才能为气候变化健康领域贡献更多有价值的研究成果。

目前科学认识的不足还体现在社会各主体对气候变化健康风险意识的滞后，尽管中国政府高度重视气候变化健康风险，并颁布了一系列政策和措施，但相应的健康教育与传播仍较为局限，公众普遍气候适应观念淡薄，对气候变化健康风险的认识不足，参与度较低；卫生健康类社会组织在气候变化健康领域参与数量和深度有限；并且企业作为碳排放的重要主体，也未能担负起责任，参与到应对气候变化健康治理的行动中来。这些都说明，我们需要进一步强化社会各主体气候变化健康风险意识，为建立多元协同的治理方案奠定基础。

国家适应气候变化健康风险的多元治理体系亟须完善

气候变化健康风险的应对不仅需要有效的制度安排，也需要多元主体的治理结构、全民参与的应对格局，以及充足的气候适应资金以保障行动落实，建立有韧性的气候变化健康治理体系。尽管全球气候变化已成事实，但因全球地缘政治、技术发展，气候政策等存在不确定性，对于其未来变化趋势的预测结果依然存在不确定性，应对气候变化健康风险仍存在许多挑战。目前我国的气候治理顶层设计虽已较为完善，但政府部门在制定气候战略时对健康的考虑仍不够充分，尚未全面纳入相关部门、地方工作重点，且统筹机制和评价体系等不足。在气候变化日益严重的背景下，防范极端天气带来的健康风险已迫在眉睫，亟须多元主体合作共同努力。医疗健康部门作为治理体系的核心，要提升应对极端天气的韧性，气象灾害的卫生应急处置机制，防灾减灾救灾的综合能力。此外，公众参与是气候治理重要一环，公众健康是气候变化健康行动的目的，另一方面，公众践行绿色低碳的生活生产方式、加强气候变化健康防范意识，对构建共治共享的治理格局至关重要；社会组织在倡导气候变化社会行动中具有不可替代的优势，但目前我国社会组织在气候行动倡导和低碳理念引领上发挥的作用很小。同时，各主体之间的协同合作，共同但有区别的责任体系构建不足，这些都为我国应对气候变化健康风险带来了隐患。

此外，充足的气候适应资金是实施气候行动的重要保障，目前，我国仍存在气候融资地区差异大，资金池不足，资金来源途径少等显著问题。未来，为进一步推动落实气候适应战略，需要进一步加大资金支持力度和改革气候融资方案。

第二节 应对气候变化健康风险的展望

未来，气候变化将持续对健康产生影响。应对气候变化健康风险将是中国面临的重要任务。我国未来应亟须在气候变化减缓与适应当中提升气候变化的健康风险应对。

我国应强化科学研究支撑和赋能

科学认识是气候变化健康风险应对的基石，科学研究需要贯穿气候变化健康风险治理全过程，包括健康风险和影响因素识别，地区分异规律、气候变化与健康影响机制、气候系统异常及早期预警系统构建、气候变化健康风险综合评估和适应策略。

　　在识别健康风险和影响因素时，需要更多关注人群的社会经济学特征和罹患基础疾病情况等，充分进行符合中国社会的气候变化脆弱性评估，从而使气候政策"一地一策"，因地制宜，更具精准性，同时注重气候变化和空气污染对健康影响的协同作用；目前对于气象因素变异与健康的关系，已经开展的研究大多采用生态学研究方法，属于关联性研究。对未来气候变化的健康风险评估，也是基于已有的气象因素变异与健康的暴露反应关系，这些研究难以阐明暴露与反应之间的机理，未来需要进一步明确机制研究，才能为气候变化健康风险早期预警系统的建立奠定坚实基础；此外，我国目前开展的以预测数据为基础的未来气候风险评估较少，因为这需要卫生部门与气象部门紧密合作，数据共享，利用未来不同情境下气候变化预估结果，同时还要考虑社会经济、人口、适应能力等因素对气候变化健康风险的修饰作用，需要不同领域的专家合作攻关，为强化气候变化健康行动提供有力的科研支撑。

提升各社会主体的气候变化健康风险适应理念

　　社会各界的广泛参与对气候变化健康风险的应对至关重要。然而目前我国各社会主体普遍气候适应意识较为滞后和淡薄，需要进一步加强气候变化健康风险的宣传和倡导力度。一方面，可以通过完善气候变化相关学科教育体系，将相关知识渗透进教育体系；此外，可以通过社会实践、讲座活动等形式普及气候变化相关风险教育，同时利用好主流媒体的宣传途径，树立积极的舆论导向，在全社会营造积极的气候变化应对氛围。

多元共治的气候变化健康风险应对

　　气候变化健康风险的应对，需要强化组织领导为引领，加强气候变化领导力，建立长期的卫生资源投入机制，以制定更加全面的针对健康问题的国家适应计划。利用"健康中国""碳中和"建设的窗口期，将健康融入所有政策，在制定相应的气候行动时，也应该将人群健康作为重点考虑的内容，同时推进相关法律法规建设，明确责任机制。强化部门间的合作，将健康充分纳入到气候变化、低碳转型等重要战略规划的考虑中，将其纳入中国碳达峰、碳中和目标、生态文明建设、健康中国行动等各项政策中。

同时，气象部门及各级卫生健康部门需要加强引领作用和专业水平，沟通连接各社会治理主体，形成气候系统监测—健康风险评估—采取适应行动—行动效果评估的工作体系，增强风险适应能力，建设有气候韧性的卫生系统；公众参与是应对气候变化问题的根本，一方面需要培养公众主动适应气候变化的意识，掌握基本的气候变化健康风险知识和基础预防策略，另一方面，公众践行绿色低碳的生产生活方式对减缓气候变化具有重要意义。通过将公众引入气候变化健康风险治理网络中，实现气候行动的共治共享。

建立气候变化健康影响综合评估模型

气候变化对人群健康的影响是自然 – 气候 – 经济社会系统共同作用的结果。正因如此，建立完善的气候变化健康风险评估体系至关重要，需要将自然、气候系统、社会经济因素均纳入考虑，建立多影响因子、多作用途径、多健康结局的健康风险综合评估模型，利用不同排放情景数据和共享社会经济路径情景数据，分析不同排放情境、共享社会经济路径情景和不同适应策略对健康风险的影响，评估不同适应策略和减缓措施的成本收益，从而为中国制定有针对性的适应气候变化措施及合理健康促进策略。

参考文献

白志鹏，蔡斌彬，董海燕，等，2006. 灰霾的健康效应 [J]. 环境污染与防治，28(3): 198–201.

毕鹏，施小明，刘起勇，2020. 过去十年中国气候变化与人群健康研究进展及未来展望 [J]. 气候变化研究进展，16(6):7.

柴麒敏，傅莎，温新元，等，2019. 中国实施 2030 年应对气候变化国家自主贡献的资金需求研究 [J]. 中国人口·资源与环境，29(4): 1–9.

陈娟，黄征宇，马遥遥，2021. "热中风"爱偷袭"三高"人群 [N]. 健康报，2021–08–12(8).

陈丽云，2022. 心脑血管病患者如何安度"多事之秋" [J]. 科学之友 (10): 68–69.

陈铁喜，陈星，2007. 近 50 年中国气温日较差的变化趋势分析 [J]. 高原气象，26(1): 150–157.

陈新光，潘蔚娟，张江勇，等，2007. 气候显著变暖使广州极端气候事件增多 [J]. 广东气象，29(2): 24–25.

陈正洪，杨宏青，曾红莉，等，2000. 武汉市呼吸道和心脑血管疾病的季月旬分布特征分析 [J]. 数理医药学杂志，13(5): 413–415.

陈正洪，叶殿秀，杨宏青，等，2004. 中国各地 SARS 与气象因子的关系 [J]. 气象，30(2): 42–45.

程义斌，金银龙，李永红，等，2009. 不同城市夏季高温对居民健康状况影响 [J]. 医学研究杂志，38(6): 17–20.

翟盘茂，刘静，2012. 气候变暖背景下的极端天气气候事件与防灾减灾 [J]. 中国工程科学，14(9): 55–63+84.

丁一汇，2020. 构建全球气候变化早期预警和防御系统 [J]. 可持续发展经济导刊 (1): 44–45.

杜尧东，吴晓绚，王华，2015. 华南地区温度变化及其对登革热传播时间的影响 [J]. 生态学杂志，34(11): 3174–3181

杜宗豪，2019. 全国热脆弱性评估研究 [D]. 北京：中国疾病预防控制中心.

范伶俐，2005. 广州禽流感流行的气象条件分析 [J]. 气象科技，33(6): 580–582.

冯相昭，王敏，吴良，2018. 应对气候变化与生态系统保护工作协同性研究 [J]. 生态经济，34(1): 134–137.

冯业荣，朱科伦，纪忠萍，等，2005. 广州大气环境因素与 SARS 疫情短期变化关系的研究 [J]. 热带气象，21(2): 191–198.

付文娟，郭冬梅，王瑛，等，2020. 2009—2017 年武汉市中暑流行病学特征及气象影响 [J]. 职业与健康，36(8): 1087–1090.

高国栋，1996. 气候学教程 [M]. 北京：气象出版社：547‐563.

高继平，2015. 气象条件影响的消化系统疾病分析 [J]. 医学信息 (37): 296–296.

高景宏，李丽萍，王君，等，2017. 气候变化对儿童健康影响的研究进展 [J]. 中华流行病学杂志，38(6): 832–836.

郜亚章，2022. "老年病"为何找上年轻人？ [N]. 工人日报，2020–09–24(2).

国家气候中心，2008. 2008 年初我国南方低温雨雪冰冻灾害与气候分析 [M]. 北京：气象出版社.

黄存瑞，刘起勇，2022. IPCC AR6 报告解读：气候变化与人类健康 [J]. 气候变化研究进展，18(4): 442–451.

黄晓莹，温之平，杜尧东，等，2008. 华南地区未来地面温度和降水变化的情景分析 [J]. 热带气象学报，

24(3)：254–258.

黄新皓，李丽平，李媛媛，等，2019. 应对气候变化协同效应研究的国际经验及对中国的建议 [J]. 世界
　环境 (1)：29–32.

康天德，2022. 心脑血管疾病，预防重于治疗 [J]. 家庭医药：快乐养生 (8)：52.

孔嘉文，江俊颖，刘志伟，等，2021. 消防救援人员创伤后应激障碍影响因素研究 [J]. 消防科学与技术，
　40：122–125.

冷红，李姝媛，2021. 应对气候变化健康风险的适应性规划国际经验与启示 [J]. 国际城市规划，36(5)：
　23–30.

李杏，2020. 气候变化背景下呼吸系统疾病气温相关死亡的疾病负担研究 [D]. 广东：南方医科大学.

李永红，杨念念，刘迎春，等，2012. 高温对武汉市居民死亡的影响 [J]. 环境与健康杂志，29(4)：303–
　305.

刘峰，朱永官，王效科，2008. 我国地面臭氧污染及其生态环境效应 [J]. 生态环境学报，17(4)：1674–
　1679.

刘建军，郑有飞，吴荣军，2008. 热浪灾害对人体健康的影响及其方法研究 [J]. 自然灾害学报，17(1)：
　151–156.

刘可群，徐兴建，陈玉霞，等，2015. 气象因素对钉螺密度变化的影响分析 [J]. 中华流行病学杂志，36
　(11)：1274–1278.

刘可群，元艺，刘志雄，等，2020. 气候环境条件对新冠肺炎传播影响分析 [J]. 公共卫生与预防医学，
　31(4)：9–13.

刘敏，2021. 天热谨防"热中风"来袭 [N]. 家庭医生报，2021–08–23(3).

刘学恩，李群娜，赵宗群，2002. 气温及冷空气对武汉市心脑血管疾病死亡率的影响 [J]. 中国公共卫生，
　18(8)：56–58.

刘苑婷，胡梦珏，曾韦霖，等，2015. 广州市和兴宁市热浪对人群发病住院的短期效应研究 [J]. 华南预
　防医学，41(6)：512–516.

栾桂杰，殷鹏，王黎君，等，2018. 我国 6 城市高温对糖尿病死亡影响的观察性研究 [J]. 中华流行病学
　杂志，39(5)：646–650.

罗澜，2022. 柳叶刀健康与气候变化倒计时报告发布 [N]. 中国气象报，2022–11–04(3).

罗晓玲，杜尧东，郑璟，2016. 广东高温热浪致人体健康风险区划 [J]. 气候变化研究进展，12(2)：139–
　146.

秦云，徐新武，王蕾，等，2022. IPCC AR6 报告关于气候变化适应措施的解读 [J]. 气候变化研究进展，
　18(4)：452–459.

屈芳，2013. 环境气象因素对呼吸系统疾病影响的研究进展 [J]. 气象科技进展，6：35–44.

沈志忠，2001. 二十四节气形成年代考 [J]. 东南文化，1：53–56.

史培军，孙劭，汪明，等，2014. 中国气候变化区划 (1961~2010 年)[J]. 中国科学：地球科学，44(10)：
　2294–2306.

宋瑞艳，高学杰，石英，等，2008. 未来我国南方低温雨雪冰冻灾害变化的数值模拟 [J]. 气候变化研究
　进展，4(5)：352–356.

苏雪梅，姚孝元，程义斌，等，2019. 我国 11 个城市极端气温对伤害死亡影响的时间序列分析 [J]. 环境
　卫生学杂志，9(6)：519–526.

孙长征，2017. 气象要素病理性分析 [J]. 科技视界，(12)：20–22.

汤阳，刘可群，魏凤华，等，2017. 未来气候变化对湖北省钉螺潜在分布的影响 [J]. 气候变化研究进展，13(6)：606–613.

唐孝炎，张远航，邵敏，2006. 大气环境化学 (第 2 版) [M]. 北京：高等教育出版社 .

田丹宇，郑文茹，2019. 推进应对气候变化立法进程的思考与建议 [J]. 环境保护，47(23)：49–51.

王林，陈正洪，汤阳，2016. 武汉市日平均气温对居民死亡数的滞后影响研究 [J]. 气象科技，44(3)：463–467.

王敏珍，郑山，尹岭，2012. 北京市泌尿系统疾病急诊入院人数与日平均气温的关系 [C]// 第 29 届中国气象学会年会论文集 : 1–5.

王土贵，2011. 广东人口老龄化的发展趋势及对策研究 [J]. 生产力研究 (8)：133–135.

王晓丽，邢丽娜，王艳霞，2017. 影响呼吸系统疾病的相关因素 [J]. 饮食保健，4(21)：112–113.

王祖承，陈正洪，2001. 冷空气对武汉市人群呼吸道和心脑血管疾病的影响 [J]. 湖北预防医学杂志，12(1)：15–16.

吴德仁，谢平，2009. 我国亚热带地区登革热流行概况 [J]. 应用预防医学，15(3)：190–192.

吴兑，廖国莲，邓雪娇，等，2008. 珠江三角洲霾天气的近地层输送条件研究 [J]. 应用气象学报，19(1)：1–9.

吴绍洪，潘韬，刘燕华，等，2017. 中国综合气候变化风险区划 [J]. 地理学报，72(1)：3–17.

吴蔚，余锦华，2011. GFDL_RegCM 对 21 世纪西北太平洋热带气旋活动的情景预估 [J]. 热带气象学报，27(6)：843–852.

伍红雨，杜尧东，2010. 1961—2008 年华南区域寒潮变化的气候特征 [J]. 气候变化研究进展，6(3)：192–197.

肖玮钰，刘可群，汤阳，2015. 湖北省典型旱涝年钉螺分布变化特征分析 [C]// 中国气象学会 . 第 32 届中国气象学会年会 S13

徐荣，应燕，朱银潮，等，2009. 雨雪冰冻灾害期间居民患病情况调查分析 [J]. 浙江预报医学，21(5)：18–19.

徐一鸣，2008. 应对全球气候变暖背景下极端天气事件频发的建议 [J]. 中国科技产业 (3)：24–25.

杨春利，蓝永超，王宁练，等，2017. 1958—2015 年疏勒河上游出山径流变化及其气候因素分析 [J]. 地理科学，37(12)：6.

杨军，欧春泉，丁研，等，2012. 广州市逐日死亡人数与气温关系的时间序列研究 [J]. 环境与健康杂志，29(2)：136–138.

杨坤，王显红，吕山，等，2006. 气候变暖对中国几种重要媒介传播疾病的影响 [J]. 国际医学寄生虫病杂志，33(4)：182–187.

杨廉平，廖文敏，钟爽，等，2020. 医疗卫生人员对气候变化的健康风险认知和适应策略研究进展 [J]. 环境与职业医学 (1)：23–29.

杨思俊，胡微煦，文珠，等，2014. 冷应激对大鼠细胞免疫的影响 [J]. 现代预防医学，12：2215–2219.

杨智聪，杜琳，王鸣，等，2003. 气压与气温对 SARS 发病流行的影响分析 [J]. 中国公共卫生，19(9)：1028–1030.

殷文军，彭晓武，宋世震，2009a. 深圳市空气污染与居民心血管疾病发病相关性的研究 [J]. 公共卫生与预防医学，20(2)：18–21.

殷文军，彭晓武，宋世震，等，2009b. 广州市灰霾天气对城区居民心血管疾病影响的时间序列分析 [J]. 环境与健康杂志，26(12)：1081–1085.

银朗月，黎军，廖东铭，等，2011. 广西宜州市 1950—2010 年疟疾防治效果评价 [J]. 公共卫生与预防医学，22(4)：19–21.

俞善贤，李兆芹，滕卫平，等，2005. 冬季气候变暖对海南省登革热流行潜势的影响 [J]. 中华流行病学杂志，26(1)：25–28.

曾韦霖，2013. 广东四地区热浪对死亡的影响及热浪特点的效应修饰作用 [D]. 广州：暨南大学.

张成，2021. 气候变化对老年人群健康的影响分析 [J]. 中国公共卫生管理，37(1)：50–53.

张强，叶殿秀，杨贤为，等，2004. SARS 流行期高危气象指标的研究 [J]. 中国公共卫生，20(6)：647–648.

张庆阳，琚建华，王卫丹，等，2007. 气候变暖对人类健康的影响 [J]. 气象科技，35(2)：245–248.

张文宏，2020. 新型冠状病毒再发现与新发传染病防控的未来 [J]. 中华传染病杂志，1：3–5.

赵金琦，金银龙，2010. 气候变化对人类环境与健康影响 [J]. 环境与健康杂志，27(5)：462–465.

赵强，杨世植，乔延利，等，2008. 台风对沿海地区气溶胶光学特性的影响分析 [J]. 光学学报，28(11)：2046–2050.

赵伟，高博，卢清，等，2021. 2006—2019 年珠三角地区臭氧污染趋势 [J]. 环境科学，42(1)：97–105.

郑艳，2022. 全球应对气候变化灾害风险的进展与对策 [J]. 人民论坛 (14)：24–27.

中国气象局，2010. 霾的观测与预报等级 [M]. 北京：气象出版社.

中国气象局，2023. 2021 年中国温室气体公报 [R/OL]. (2023–01–09)[2023–08–07]. https://www.cma. gov.cn/zfxxgk/gknr/qxbg/202301/t20230119_5274988.html.

中国气象局气候变化中心，2022. 中国气候变化蓝皮书（2022）[M]. 北京：科学出版社.

钟堃，刘玲，张金良，2010. 北京市寒潮天气对居民心脑血管疾病死亡影响的病例交叉研究 [J]. 环境与健康杂志 (2)：6.

钟爽，黄存瑞，2019. 气候变化的健康风险与卫生应对 [J]. 科学通报，64(19)：2002–2010.

周波涛，徐影，韩振宇，等，2020. " 一带一路 " 区域未来气候变化预估 [J]. 大气科学学报，43(1)：10.

AKANJI A O, OPUTA R A, 1991. The effect of ambient temperature on glucose tolerance and its implications for the tropics[J]. Tropical and Geographical Medicine, 43(3): 283–287.

AKIL L, AHMAD H A, REDDY R S, 2014. Effects of climate change on Salmonella infections[J]. Foodborne Pathog Dis, 11: 974–80.

ALBERDI J C, DÍAZ J, MONTERO J C, et al, 1998. Daily mortality in Madrid community 1986 – 1992: Relationship with meteorological variables[J]. European Journal of Epidemiology, 14(6): 571–578.

ALEXANDER L V, 2016. Global observed long–term changes in temperature and precipitation extremes: A review of progress and limitations in IPCC assessments and beyond[J]. Weather and Climate Extremes, 11: 4–16.

AMRAEI M, MOHAMADPOUR S, SAYEHMIRI K, et al, 2018. Effects of vitamin D deficiency on incidence risk of gestational diabetes mellitus: A systematic review and meta–analysis[J]. Frontiers in Endocrinology, 9: 7.

ANALITIS A, DE' DONATO F, SCORTICHINI M, et al, 2018. Synergistic effects of ambient temperature and air pollution on health in Europe: Results from the PHASE project[J]. Int J

Environ Res Public Health, 15(9): 1856.

BAI L, LI Q, WANG J, et al, 2016. Hospitalizations from hypertensive diseases, diabetes, and arrhythmia in relation to low and high temperatures: population-based study[J]. Scientific Reports, 6(1): 30283.

BAI Y, XU Z, ZHANG J, et al, 2014. Regional impact of climate on Japanese encephalitis in areas located near the three gorges dam[J]. Plos One, 9(1): e84326.

BATTILANI P, TOSCANO P, VAN DER FELSKLERX H J, et al, 2016. Aflatoxin B1 contamination in maize in Europe increases due to climate change[J]. Science Reports, 6: 24328.

BERNARD S M, SAMET J M, GRAMBSCH A, et al, 2001. The potential impacts of climate variability and change on air pollution-related health effects in the United States[J]. Environmental Health Perspectives, 109(S2): 199-209.

BERNSTEIN A S, SUN S, WEINBERGER K R, et al, 2022. Warm season and emergency department visits to U.S. children's hospitals[J]. Environ Health Perspect, 130: 17001.

BI P, WANG J, HILLER J E, 2007. Weather: driving force behind the transmission of severe acute respiratory syndrome in China[J]? Internal Medicine Journal, 37(8): 550-554.

BIAGINI B, BIERBAUM R, STULTS M, et al, 2014. A typology of adaptation actions: A global look at climate adaptation actions financed through the Global Environment Facility[J]. Global Environmental Change, 25: 97-108.

BITTA M A, BAKOLIS I, KARIUKI S M, et al, 2018. Suicide in a rural area of coastal Kenya[J]. BMC Psychiatry, 18: 267.

BONGAARTS J, 2006. United Nations department of economic and social affairs, population division world mortality report 2005[J]. Population and Development Review, 32(3): 594-596.

BOOGAARD H, PATTON A P, ATKINSON R W, et al, 2022. Long-term exposure to traffic-related air pollution and selected health outcomes: A systematic review and meta-analysis[J]. Environment International, 164: 107262.

BRETÓN R M C, BRETÓN J G C, KAHL J W D, et al, 2020. Short-term effects of atmospheric pollution on daily mortality and their modification by increased temperatures associated with a climatic change scenario in northern Mexico[J]. International Journal of Environmental Research and Public Health, 17(24): 9219.

CAI W, ZHANG C, ZHANG S, et al, 2022. The 2022 China report of the Lancet Countdown on health and climate change: leveraging climate actions for healthy ageing[J]. The Lancet Public Health, 7: e1073-e1090.

CAI W, ZJAMH C, SUEN H P, et al, 2021. The 2020 China report of the Lancet Countdown on health and climate change [J]. The Lancet Public Health, 6(1):64-81.

CAMPBELL-LENDRUM D, NEVILLE T, SCHWEIZER C, et al, 2023. Climate change and health: three grand challenges[J]. Nature Medicine, 29: 1631-1638.

CARLETON T A, 2017. Crop-damaging temperatures increase suicide rates in India[J]. Proceedings of the National Academy of Sciences of the United States of America, 114: 8746-8751.

CDC, 2021. Lyme disease charts and figures: Most recent year[R/OL].[2022-11-03].https://www. cdc.gov/lyme/datasurveillance/surveillance-data.html?CDC_AA_refVal=https%3A%2F%2F www.cdc.gov%2Flyme%2Fdatasurveillance%2Fcharts-figures-recent.html.

CHAN E Y Y, GOGGINS W B, KIM J J,et al, 2012. A study intraeity variation temperature-related mortality socioeconomic status among the Chinese population in Hongkong[J]. Journal of Epidemiology and Community Health, 66(4): 322-327.

CHEN G, ZHANG W, LI S, et al, 2017a. The impact of ambient fine particles on influenza transmission and the modification effects of temperature in China: A multi-city study[J]. Environ Int, 98: 82-88.

CHEN K, HORTON R M, BADER D A, et al, 2017b. Impact of climate change on heat-related mortality in Jiangsu Province, China[J]. Environ Pollut, 224: 317-255.

CHEN H Q, ZHAO L, DONG W, et al, 2022. Spatiotemporal variation of mortality burden attributable toheatwaves in China, 1979-2020[J]. Sci Bull (Beijing), 67(13): 1340-1344.

CHEN K, VICEDO-CABRERA A M, DUBROW R, 2020. Projections of ambient temperature-and air pollution-related mortality burden under combined climate change and population aging scenarios: a review[J]. Current Environmental Health Reports, 7: 243-255.

CHEN K, WOLF K, BREITNER S, et al, 2018a. Two-way effect modifications of air pollution and air temperature on total natural and cardiovascular mortality in eight European urban areas[J]. Environment International, 116: 186-196.

CHEN R, YIN P, WANG L, et al, 2018b. Association between ambient temperature and mortality risk and burden: time series study in 272 main Chinese cities[J]. British Medical Journal, 363: k4306.

CHEN S, YANG Y, QV Y, et al, 2018c. Paternal exposure to medical-related radiation associated with low birthweight infants: A large population-based, retrospective cohort study in rural China[J]. Medicine, 97(2): e9565.

CHERSICH M F, PHAM M D, AREAL A, et al, 2020. Associations between high temperatures in pregnancy and risk of preterm birth, low birth weight, and stillbirths: systematic review and meta-analysis[J]. BMJ, 371: m3811.

CHUANG T W, CHAVES L F, CHEN P J, 2017. Effects of local and regional climatic fluctuations on dengue outbreaks in southern Taiwan[J]. PLos One, 12(6): e0178698.

CLEMENS V, HIRSCHHAUSEN E V, FEGERT J M, 2022. Report of the intergovernmental panel on climate change: implications for the mental health policy of children and adolescents in Europe—a scoping review[J]. Eur Child Adolesc Psychiatry, 31(5), 701-713.

COATES S J, DAVIS M D, ANDERSEN L K, 2019. Temperature and humidity affect the incidence of hand, foot, and mouth disease: a systematic review of the literature - a report from the International Society of Dermatology Climate Change Committee[J]. International Journal of Dermatology, 58(4): 388-99.

CUSCHIERI S, CALLEJA A J, 2020. The interaction between diabetes and climate change – A review on the dual global phenomena[J]. Early Human Development, 155: 105-220

DALLY M, BUTLER-DAWSON J, SORENSEN C J, et al, 2020. Wet bulb globe temperature and recorded occupational injury rates among sugarcane harvesters in southwest guatemala[J].

International Journal of Environmental Research and Public Health, 17: 1–13.

D'AMATO G, HOLGATE S T, PAWANKAR R, et al, 2015. Meteorological conditions, climate change, new emerging factors, and asthma and related allergic disorders. A statement of the World Allergy Organization[J]. World Allergy Organization Journal, 8(25).

DAVIS M S, WILLIAMS C C, MEINKOTH J H, et al, 2007. Influx of neutrophils and persistence of cytokine expression in airways of horses after performing exercise while breathing cold air [J]. American Journal of Veterinary Research, 68(2): 185.

DIDONE E J, MINELLA J P G, TIECHER T, et al, 2021. Mobilization and transport of pesticides with run of and suspended sediment during fooding events in an agricultural catchment of Southern Brazil[J]. Environ Sci Pollut Res Int, 28(29): 39370 - 39386.

DING S, CHEN M, GONG M, et al, 2018. Internal phosphorus loading from sediments causes seasonal nitrogen limitation for harmful algal blooms[J]. Science of the Total Environment, 625(1): 872–884.

DU Y D, AI H, DUAN H L, et al, 2013. Changes in climate factors and extreme climate events in South China during 1961–2010[J]. Advances in Climate Change Research, 4(1): 1–11.

EBI K L, VANOS J, BALDWIN J W, et al, 2021. Extreme weather and climate change: Population health and health system implications[J]. Annual Review of Public Health, 42(1): 293–315.

EPA, 2021. Indoor air quality and climate change[R/OL].[2022–11–03]. https://www.epa.gov/indoor–air–quality–iaq/indoor–air–quality–and–climate–change

ERICKSON T B, BROOKS J, NILLES E J, et al, 2019. Environmental health efects attributed to toxic and infectious agents following hurricanes, cyclones, fash foods and major hydrometeoro-logical events[J]. J Toxicol Environ Health B Crit Rev, 22(5–6): 157–71.

FAHLÉN M, ODÉN A, BJÖRNTORP P, et al, 1971. Seasonal influence on insulin secretion in man [J]. Clinical Science, 41(5): 453–458.

FAN J C, LIU Q Y, 2019. Potential impacts of climate change on dengue fever distribution using RCP scenarios in China[J]. Advances in Climate Change Research, 10(1): 1–8.

FIORE A M, NAIK V, LEIBENSPERGER E M, 2015. Air quality and climate connections[J]. Journal of the Air & Waste Management Association, 65(6): 645–685.

FITZMAURICE C, ABATE D, ABBASI N, et al, 2019. Global, regional, and national cancer incidence, mortality, years of life lost, years lived with disability, and disabilityadjusted life years for 29 cancer groups, 1990 to 2017: A systematic analysis for the Global Burden of Disease Study[J]. JAMA Oncol, 5: 1749 - 1768.

FLAA A, AKSNES T A, KJELDSEN S E, et al, 2008. Increased sympathetic reactivity may predict insulin resistance: an 18–year follow–up study[J]. Metabolism: Clinical and Experimental, 57 (10): 1422–1427.

GAO P, WU Y, HE L, et al, 2022. Acute effects of ambient nitrogen oxides and interactions with temperature on cardiovascular mortality in Shenzhen, China[J]. Chemosphere, 287: 132255.

GARCIA E, RICE M B, GOLD D R, 2021. Air pollution and lung function in children[J]. Journal of Allergy and Clinical Immunology, 148(1): 1–14.

GEER L A, WEEDON J, BELL M L, 2012. Ambient air pollution and term birth weight in Texas from 1998 to 2004[J]. J Air Waste Manag Assoc, 62(11): 1285–1295.

GHASEMIAN R, SHAMSHIRIAN A, HEYDARI K, et al, 2021. The role of vitamin D in the age of COVID–19: A systematic review and meta–analysis[J]. International Journal of Clinical Practice, 75(11): e14675.

GOMEZ–BARROSO D, LEÓN–GÓMEZ I, DELGADO–SANZ C, et al, 2017. Climatic Factors and Influenza Transmission, Spain, 2010–2015[J]. Int J Environ Res Public Health, 14(12):1469.

GOTTDENKER N L, STREICKER D G, FAUST C L, et al, 2014. Anthropogenic land use change and infectious diseases: a review of the evidence[J]. Ecohealth, 11(4): 619–632.

GRAUDENZ G S, LANDGRAF R G, JANCAR S, et al, 2006. The role of allergic rhinitis in nasal responses to sudden temperature changes[J]. J Allergy Clin Immunol, 118(5): 1126–1132.

GREEN R S, BASU R, MALIG B, et al, 2010. The effect of temperature on hospital admissions in nine California counties[J]. International Journal of Public Health, 55(2): 113–121.

GU S, ZHANG L, SUN S, et al, 2020. Projections of temperature–related cause–specific mortality under climate change scenarios in a coastal city of China[J]. Environ Int, 143: 105889.

HAINES A, EBI K, 2019. The imperative for climate action to protect health[J]. N Engl J Med, 380: 263–73.

HALES S, DEWET N, MAINDONALD J, et al, 2002. Potential effect of population and climate changes on global distribution of dengue fever: an empirical model[J]. Lancet, 360 (9336): 830–834.

HAN A, DENG S, YU J, et al, 2023. Asthma triggered by extreme temperatures: From epidemiological evidence to biological plausibility[J]. Environ Res, 216: 114489.

HANSSEN M J, HOEKS J, BRANS B, et al, 2015. Short–term cold acclimation improves insulin sensitivity in patients with type 2 diabetes mellitus[J]. Nature Medicine, 21(8): 863–865.

HICKMAN C, MARKS E, PIHKALA P, et al, 2021. Climate anxiety in children and young people and their beliefs about government responses to climate change: a global survey[J]. Lancet Planet Health, 5(12): e863–e873.

HODGES M, BELLE J H, CARLTON E J, et al, 2014. Delays in reducing waterborne and water–related infectious diseases in China under climate change[J]. Nature Climate Change. 4(12): 1109–1115.

HOU P, WU S, MCCARTY J L, et al, 2018. Sensitivity of atmospheric aerosol scavenging to precipitation intensity and frequency in the context of global climate change[J]. Atmospheric Chemistry and Physics, 18(11): 8173–8182.

HSU W H, HWANG S A, KINNEY P L, et al, 2017. Seasonal and temperature modifications of the association between fine particulate air pollution and cardiovascular hospitalization in New York state[J]. Sci Total Environ, 578: 626–632.

HUANG C R, BARNETT A G, WANG X M, et al, 2011. Projecting future heat–related mortality under climate change scenarios: a systematic review[J]. Environ Health Perspect, 119(12): 1681–1690.

HUANG J, LI G, LIU Y, et al, 2018. Projections for temperature-related years of life lost from cardiovascular diseases in the elderly in a Chinese city with typical subtropical climate[J]. Environ Res, 167: 614-621.

HUANG J, ZENG Q, PAN X, et al, 2019. Projections of the effects of global warming on the disease burden of ischemic heart disease in the elderly in Tianjin, China[J]. BMC Public Health, 19(1): 1465.

HUI P, TANG J, WANG S, et al, 2018. Climate change projections over China using regional climate models forced by two CMIP5 global models. Part I: evaluation of historical simulations [J].International Journal of Climatology, 38(16).

INGOLE V, DIMITROVA A, SAMPEDRO J, et al, 2022. Local mortality impacts due to future air pollution under climate change scenarios[J]. Science of the Total Environment, 823: 153832.

IPCC, 2013. Climate change 2013: Observations: atmosphere and surface. Contribution of working group I to the fifth assessment report of the intergovernmental panel on climate change[R]. United Kingdom and New York: Cambridge University Press.

IPCC, 2021. Climate Change 2021: The Physical Science Basis. Contribution of working group I to the sixth assessment report of the intergovernmental panel on climate change[R]. United Kingdom and New York: Cambridge University Press.

IPCC, 2022. Climate Change 2022: Impacts, Adaptation, and Vulnerability. Contribution of working group II to the sixth assessment report of the intergovernmental panel on climate change[R]. United Kingdom and New York: Cambridge University Press.

ISMAILOVA A, WHITE J H, 2021. Vitamin D, infections and immunity[J]. Rev Endocr Metab Disord, 23(2): 265-277.

JAAKKOLA K, SAUKKORIIPI A, JOKELAINEN J, et al, 2014. Decline in temperature and humidity increases the occurrence of influenza in cold climate[J]. Environmental Health, 13(1): 22.

JACOB D J, WINNER D A, 2009. Effect of climate change on air quality[J]. Atmospheric Environment, 43(1): 51-63.

JACOBSON M Z, KAUFMAN Y J, 2006. Wind reduction by aerosol particles[J]. Geophysical Research Letters, 33(24): 194-199.

JENKINS K, HALL J, GLENIS V, et al, 2014. Probabilistic spatial risk assessment of heat impacts and adaptations for London[J]. Clim Change, 124: 105-117.

JI S, ZHOU Q, JIANG Y, et al, 2020. The interactive effects between particulate matter and heat waves on circulatory mortality in Fuzhou, China[J]. Int J Environ Res Public Health, 17(16): 5979.

JIN X, XU Z, LIANG Y, et al, 2022. The modification of air particulate matter on the relationship between temperature and childhood asthma hospitalization: An exploration based on different interaction strategies[J]. Environ Res, 214(Pt 2): 113848.

JONER G, SØVIK O, 1981. Incidence, age at onset and seasonal variation of diabetes mellitus in Norwegian children, 1973-1977[J]. Acta Paediatrica Scandinavica, 70(3): 329-335

JUNG J, LEE J Y, LEE H, et al, 2020. Predicted future mortality attributed to increases in temperature and PM10 concentration under representative concentration pathway scenarios [J]. International Journal of Environmental Research and Public Health, 17(7): 2600

KAMINSKY D A, BATES J H, IRVIN C G, 2000. Effects of cool, dry air stimulation on peripheral lung mechanics in asthma[J]. Am J Respir Crit Care Med, 162(1): 179–186.

KENNY, GLEN P, YARDLEY, et al, 2010. Heat stress in older individuals and patients with common chronic diseases[J]. Canadian Medical Association Journal, 182(10): 1053–1060.

KHATANA S, WERNER R M, GROENEVELD P W, 2022. Association of extreme heat with all-cause mortality in the contiguous US, 2008–2017[J]. JAMA Netw Open, 5(5): e2212957.

KHOMSI K, CHELHAOUI Y, ALILOU S, et al, 2022. Concurrent heat waves and extreme ozone (O_3)episodes: combined atmospheric patterns and Impact on human health[J]. International Journal of Environmental Research and Public Health, 19(5): 2770.

KIM S E, LIM Y H, KIM H, 2015. Temperature modifies the association between particulate air pollution and mortality: A multi-city study in South Korea[J]. Sci Total Environ, 524–525: 376–383.

KINNEY P L, 2018. Interactions of climate change, air pollution, and human health[J]. Current Environmental Health Reports, 5: 179–186.

KINNEY P L, O'NEILL M S, BELL M L, et al, 2008. Approaches for estimating effects of climate change on heat-related deaths: challenges and opportunities[J]. Environ Sci Policy, 11: 87–96.

KOIVISTO V A, FORTNEY S, HENDLER R, et al, 1981. A rise in ambient temperature augments insulin absorption in diabetic patients[J]. Metabolism: Clinical and Experimental, 30(4): 402–405.

KRASNOV B R, KHOKHLOVA I S, FIELDEN L J, et al, 2002. Time of survival under starvation in two flea species (Siphonaptera: Pulicidae) at different air temperatures and relative humidities [J].Journal of Vector Ecology, 27(1): 70–81.

LABZIN L I, HENEKA M T, LATZ E, 2018. Innate immunity and neurodegeneration[J]. Annu Rev Med, 29(69): 437–449.

LANDRIGAN P J, FULLER R, ACOSTA N J R, et al, 2018. The Lancet Commission on pollution and health[J]. The Lancet, 391: 462–512.

LAU S Y–F, CHEN E, WANG M, et al, 2019. Association between meteorological factors, spatio-temporal effects, and prevalence of influenza a subtype H7 in environmental samples in Zhejiang Province, China[J]. Science of The Total Environment, 663: 793–803.

LAVOY E C, MCFARLIN B K, SIMPSON R J, 2011. Immune responses to exercising in a cold environment [J] . Wilderness Environ Med, 22(4): 343–351.

LEE H, MYUNG W, CHEONG H K, et al, 2018. Ambient air pollution exposure and risk of migraine:Synergistic effect with high temperature[J]. Environ Int, 121(Pt 1): 383–391.

LEUNG Y K, YIP K M, YEUNG K H, 2008. Relationship between thermal index and mortality in Hong Kong[J]. Meteorological Applications, 15(3): 399–409.

LI G, GUO Q, LIU Y, et al, 2018a. Projected temperature-related years of life lost from stroke due to global warming in a temperate climate city, Asia: disease burden caused by future climate change[J]. Stroke, 49(4): 828–834.

LI G, LI Y, TIAN L, et al, 2018b. Future temperature-related years of life lost projections for cardiovascular disease in Tianjin, China[J]. Sci Total Environ, 630: 943–950.

LI T, HORTON R M, BADER D A, et al, 2018c. Long-term projections of temperature-related mortality risks for ischemic stroke, hemorrhagic stroke, and acute ischemic heart disease under changing climate in Beijing, China[J]. Environ Int, 112: 1–9.

LI J, XUE T, TONG M, et al, 2022. Gestational exposure to landscape fire increases under-5 child death via reducing birthweight: A risk assessment based on mediation analysis in low- and middle-income countries[J]. Ecotoxicology and Environmental Safety, 240: 113673.

LI L, YANG J, GUO C, et al, 2015a. Particulate matter modifies the magnitude and time course of the non-linear temperature-mortality association[J]. Environmental Pollution, 196: 423–430.

LI T, BAN J, HORTON R M, et al, 2015b. Heat-related mortality projections for cardiovascular and respiratory disease under the changing climate in Beijing, China[J]. Scientific Reports, 5: 11441.

LI J, XU X, WANG J, et al, 2016a. Analysis of a community-based intervention to reduce heat-related illness during heat waves in Licheng, China: a quasi-experimental study[J]. Biomed Environ Sci, 29(11): 802–813.

LI T, HORTON R M, BADER D A, et al, 2016b. Aging will amplify the heat-related mortality risk under a changing climate: projection for the elderly in Beijing, China[J]. Sci Rep, 6(1):28161.

LI X, CHOW K H, ZHU Y, et al, 2016c. Evaluating the impacts of high-temperature outdoor working environments on construction labor productivity in China: A case study of rebar workers[J]. Building and Environment, 95: 42–52.

LI Y, LAN L, WANG Y, et al, 2014. Extremely cold and hot temperatures increase the risk of diabetes mortality in metropolitan areas of two Chinese cities[J]. Environmental Research, 134: 91–97.

LIAO K J, TAGARIS E, MANOMAIPHIBOON K, et al, 2007. Sensitivities of ozone and fine particulate matter formation to emissions under the impact of potential future climate change [J]. Environmental Science & Technology, 41(24): 8355–8361.

LIEBER M, CHIN-HONG P, KELLY K, et al, 2022. A systematic review and meta-analysis assessing the impact of droughts, flooding, and climate variability on malnutrition[J]. Glob Public Health, 17: 68–82.

LIMAYE V S, MAGAL A, JOSHI J, et al, 2023. Air quality and health co-benefits of climate change mitigation and adaptation actions by 2030: an interdisciplinary modeling study in Ahmedabad, India[J]. Environmental Research: Health, 1(2):021003.

LIN Y K, HO T J, WANG Y C, 2011. Mortality risk associated with temperature and prolonged temperature extremes in elderly populations in Taiwan[J]. Environmental Research, 111(8): 1156–1163.

LIU Q, TAN Z M, SUN J, et al, 2020. Changing rapid weather variability increases influenza epidemic risk in a warming climate[J]. Environmental Research Letters, 15(4): 044004 (9pp).

LIU Q, XU W, LU S, et al, 2018. Landscape of emerging and re-emerging infectious diseases in China: impact of ecology, climate, and behavior[J]. Front Med, 12(1): 3–22.

LIU T, LI T T, ZHANG Y H, et al,2013. The short–term effect of ambient ozone on mortality is modified by temperature in Guangzhou, China[J]. Atmospheric Environment, 76(3): 59–67.

LIU Y, TONG D, CHENG J, et al, 2022a. Role of climate goals and clean–air policies on reducing future air pollution deaths in China: a modelling study[J]. The Lancet Planetary Health, 6(2): e92–e99.

LIU Z, DONG M, XUE W, et al, 2022b. Interaction patterns between climate action and air cleaning in China: A two–way evaluation based on an ensemble learning approach[J]. Environmental Science & Technology, 56(13): 9291–9301.

LOWEN A C, MUBAREKA S, STEEL J,et al, 2007. Influenza virus transmission is dependent on humidity and temperature[J]. PLos Pathogens, 3(10): 1470–1476.

LUO H, TURNER L R, HURST C, et al, 2014. Exposure to ambient heat and urolithiasis among outdoor workers in Guangzhou, China[J]. Science of the Total Environment, 472: 1130–1136.

LUO Y, ZHANG Y H, LIU T, et al, 2013. Lagged effect of diurnal temperature range on mortality in a subtropical megacity of China[J]. Plos One, 8(2): 1–10.

MA R, ZHONG S, MORABITO M, et al, 2019. Estimation of work–related injury and economic burden attributable to heat stress in Guangzhou, China[J]. Science of the Total Environment, 666: 147–154.

MACHALABA C M, KARESH W B, 2017. Emerging infectious disease risk: Shared drivers with environmental change[J]. Revue Scientifique et Technique (International Office of Epizootics), 36(2): 435–444.

MANSOOR S, FAROOQ I, KACHROO M M, et al, 2022. Elevation in wildfire frequencies with respect to the climate change[J]. Journal of Environmental Management, 301: 113769.

MASSON V, LEMONSU A, HIDALGO J, et al, 2020. Urban climates and climate change[J]. Annual Review of Environment and Resources, 45: 411–444.

NATHANIEL T, JENNIFER V, KRISTIE L, 2019. Cancer and society[M].//Climate change and cancer. Cham, Switzerland: Springer Nature Switzerland AG.

MCLAUGHLIN K A, GREIF G J, GRUBER M J, et al, 2012. Childhood adversities and first onset of psychiatric disorders in a national sample of US adolescents[J]. Arch Gen Psychiatry, 69: 1151–1160.

MURRAY C J L, ARAVKIN A Y, ZHENG P, et al, 2020. Global burden of 87 risk factors in 204 countries and territories, 1990－2019: a systematic analysis for the Global Burden of Disease Study 2019[J]. The Lancet, 396(10258): 1223–1249.

PACE N P, VASSALLO J, CALLEJA–AGIUS J, 2021. Gestational diabetes, environmental temperature and climate factors－From epidemiological evidence to physiological mechanisms [J]. Early Human Development, 155: 105219.

PATZ J A, FRUMKIN H, HOLLOWAY T, et al, 2014. Climate change: challenges and opportunities for global health[J]. JAMA, 312(15): 1565–1580.

PAUSAS J G, KEELEY J E, 2021. Wildfires and global change[J]. Frontiers in Ecology and the

Environment, 19(7): 387–395.

PERERA F, NADEAU K, 2022. Climate change, fossil–fuel pollution, and children's health [J]. New England Journal of Medicine, 386(24): 2303–2314.

PETITTI D B, HARLAN S L, CHOWELL–PUENTE G, et al, 2013. Occupation and environmental heat–associated deaths in Maricopa county, Arizona: a case–control Study[J]. PLos One, 8: e62596.

PETKOVA E P, EBI K L, CULP D, et al, 2015. Climate change and health on the US Gulf Coast: Public health adaptation is needed to address future risks[J]. International Journal of Environmental Research and Public Health, 12(8): 9342–9356.

PINAULT L , BUSHNIK T , FIOLETOV V ,et al, 2017. The risk of melanoma associated with ambient summer ultraviolet radiation[J]. Health Reports, 28: 3–11.

PIOLA P, NABASUMBA C, TURYAKIRA E, et al, 2010. Efcacy and safety of artemether–lumefantrine compared with quinine in pregnant women with uncomplicated Plasmodium falciparum malaria: an open–label, randomised, non–inferiority trial[J]. Lancet Infect Dis, 10(11):762–769.

PRADHAN B, KJELLSTROM T, ATAR D, et al, 2019. Heat stress impacts on cardiac mortality in nepali migrant workers in qatar[J]. Cardiology (Switzerland), 143: 37–48.

QI L, LIU T, GAO Y, et al, 2021. Effect of meteorological factors on the activity of influenza in Chongqing, China, 2012–2019[J]. Plos One, 16(2): e0246023.

QIU H, TAN K, LONG F, et al, 2018. The burden of COPD morbidity attributable to the interaction between ambient air pollution and temperature in Chengdu, China[J]. Int J Environ Res Public Health, 15(3): 492.

REES E E, NG V, GACHON P, et al, 2019. Risk assessment strategies for early detection and prediction of infectious disease outbreaks associated with climate change[J]. Canada Communicable disease report, 45(5): 119–126.

REN Z, WANG D, MA A, et al, 2016. Predicting malaria vector distribution under climate change scenarios in China: Challenges for malaria elimination[J]. Sci Rep, 6: 20604.

RIAHI K, VUUREN D P, KRIEGLER E, et al, 2017. The shared socioeconomic pathways and their energy, land use, and greenhouse gas emissions implications: An overview[J].Global Environment Change, 42: 153–168.

ROCKLÖV J, DUBROW R, 2020. Climate change: an enduring challenge for vector–borne disease prevention and control[J]. Nat Immunol, 21: 479–483.

ROCKLÖV J, FORSBERG B, 2008. The effect of temperature on mortality in Stockholm 1998–2003: a study of lag structures and heatwave effects[J]. Scand J Public Health, 36(5): 516–23.

ROCQUE R J, BEAUDOIN C, NDJABOUE R, et al, 2021. Health efects of climate change: an overview of systematic reviews[J]. BMJ Open, 11(6): e046333.

ROGELJ J, POPP A, CALVIN K V, et al, 2018. Scenarios towards limiting global mean temperature increase below 1.5℃[J]. Nature Climate Change, 8(4): 325–332.

ROMANELLO M, DI N C, DRUMMOND P, et al, 2022. The 2022 report of the Lancet Countdown on health and climate change: health at the mercy of fossil fuels[J]. The Lancet, 400: 1619–1654.

ROUSSEL M, PONTIER D, COHEN J M, et al, 2016. Quantifying the role of weather on seasonal influenza[J]. BMC Public Health, 16: 441.

SAGRIPANTI J L, LYTLE C D, 2020. Estimated inactivation of coronaviruses by solar radiation with special reference to COVID–19[J]. Photochemistry and Photobiology, 96(4): 731–737.

SAHU S, SETT M, KJELLSTROM T, 2013. Heat exposure, cardiovascular stress and work productivity in rice harvesters in India: Implications for a climate change future[J]. Industrial Health, 51:424–431.

SANDERSON M, ARBUTHNOTT K, KOVATS S, et al, 2017. The use of climate information to estimate future mortality from high ambient temperature: A systematic literature review[J]. plos One, 12: e0180369.

SCORTICHINI M, DE SARIO M, DE'DONATO F K, et al, 2018. Short–term effects of heat on mortality and effect modification by air pollution in 25 Italian cities[J]. Int J Environ Res Public Health,15(8): 1771.

SEPOSO X T, DANG T N, HONDA Y, 2017. How does ambient air temperature affect diabetes mortality in tropical cities?[J]. International Journal of Environmental Research and Public Health, 14(4): 385.

SHEFFIELD P E, LANDRIGAN P J, 2011. Global climate change and children's health: threats and strategies for prevention[J]. Environmental Health Perspectives, 119(3): 291–298.

SHEN P, ZHAO S, 2021. 1/4 to 1/3 of observed warming trends in China from 1980 to 2015 are attributed to land use changes [J]. Climatic Change, 164: 1–19.

SHENG R, LI C, WANG Q, et al, 2018. Does hot weather affect work–related injury? A case–crossover study in Guangzhou, China[J]. International Journal of Hygiene and Environmental Health, 221(3): 423–428.

SHERBAKOV T , MALIG B , GUIRGUIS K ,et al, 2018. Ambient temperature and added heat wave effects on hospitalizations in California from 1999 to 2009[J]. Environmental Research, 160(jan.):83–90.

SHI W, SUN Q, DU P, et al, 2020. Modification effects of temperature on the ozone–mortality relationship: A nationwide multicounty study in China[J]. Environ Sci Technol, 54(5): 2859–2868.

SOMA–PILLAY P, NELSON–PIERCY C, TOLPPANEN H, et al, 2016. Physiological changes in pregnancy[J]. Cardiovasc J Afr, 27(2):89‐94.

STAFOGGIA M, SCHWARTZ J, FORASTIERE F, et al, 2008. Does temperature modify the association between air pollution and mortality? A multicity case–crossover analysis in Italy [J]. Am J Epidemiol, 167(12): 1476–1485.

SU W L, LU C L, MARTINI S, et al, 2020. A population–based study on the prevalence of gestational diabetes mellitus in association with temperature in Taiwan[J]. The Science of the Total Environment, 714: 136747.

SUCHUL K, ELTAHIR E A B, 2018. North China Plain threatened by deadly heatwaves due to climate change and irrigation[J]. Nature Communications 9(1): 2894.

SUN Y, ILANGO S D, SCHWARZ L, et al, 2020. Benmarhnia T. Examining the joint effects of heatwaves, air pollution, and green space on the risk of preterm birth in California[J]. Environ Res Lett(10): 104099.

SUN Y, ZHANG X, REN G, et al, 2016. Contribution of urbanization to warming in China [J]. Nature Climate Change, 6: 706‐709.

SUN Z, WANG Q, CHEN C, et al, 2021. Projection of temperature‐related excess mortality by integrating population adaptability under changing climate – China, 2050s and 2080s[J]. China CDC Wkly, 3(33): 697–701.

TAM W W S, WONG T W, CHAIR S Y, et al, 2009. Diurnal temperature range and daily cardiovascular mortalities among the elderly in HongKong[J]. Archives of Environmental and Occupational Health, 64(3): 202–206.

TAMERIUS J D, SHAMAN J, ALONSO W J, et al, 2013. Environmental predictors of seasonal influenza epidemics across temperate and tropical climates[J]. Plos Pathogens, 9(3): e1003194.

TANG H, TAKIGAWA M, LIU G, et al, 2013. A projection of ozone–induced wheat production loss in China and India for the years 2000 and 2020 with exposure–based and flux–based approaches[J]. Global Change Biology, 19(9).

TIE X, WU D, BRASSEUR G, 2009. Lung cancer mortality and exposure to atmospheric aerosol particles in Guangzhou, China[J]. Atmospheric Environment, 43(14): 2375–2377.

TIE X, HUANG R, DAI W, et al, 2016. Effect of heavy haze and aerosol pollution on rice and wheat productions in China[J]. Science Reports, 6(1): 29612.

TROIANO N H, 2018. Physiologic and hemodynamic changes during pregnancy[J]. AACN Adv Crit Care, 29(3): 273‐283.

TRTANJ J, JANTARASAMI L, BRUNKARD J, et al, 2016. Ch. 6: Climate impacts on water–related illness[J]. The impacts of climate change on human health in the United States: A Scientifc Assessment, 158–187.

UNITED NATIONS, 2015. Transforming Our World: The 2030 agenda for sustainable development [R/OL]. [2023–08–07].https://sustainabledevelopment.un.org/content/documents/21252030%20Agenda%20for%20Sustainable%20Development%20web.pdf.

VENUGOPAL V, LATHA P K, SHANMUGAM R, et al, 2020. Risk of kidney stone among workers exposed to high occupational heat stress – A case study from southern Indian steel industry [J]. Science of the Total Environment, 722: 137619.

VERGUNST F, BERRY H L, 2022. Climate change and children's mental health: a developmental perspective[J]. Clin Psychol Sci, 10(4): 767–785.

VINEETHA G, KRIPA V, KARATI K K, et al, 2020. Impact of a catastrophic food on the heavy metal pollution status and the concurrent responses of the bentho–pelagic community in a tropical monsoonal estuary[J]. Mar Pollut Bull, 155: 111191.

WAERNBAUM I, DAHLQUIST G, 2016. Low mean temperature rather than few sunshine hours are associated with an increased incidence of type 1 diabetes in children[J]. European Journal of Epidemiology, 31(1): 61–65.

WANG Q, LI B, BENMARHNIA T, et al, 2020a. Independent and combined effects of heatwaves and $PM_{2.5}$ on preterm birth in Guangzhou, China: a survival analysis[J]. Environ Health Perspect, 128(1): 17006.

WANG Y, LIU Y, YE D, et al, 2020b. High temperatures and emergency department visits in 18 sites with different climatic characteristics in China: Risk assessment and attributable fraction identification[J]. Environment International, 136: 105486.

WANG R, BEI N, HU B, et al, 2022a. The relationship between the intensified heat waves and deteriorated summertime ozone pollution in the Beijing‐Tianjin‐Hebei region, China, during 2013‐2017[J]. Environmental Pollution, 314: 120256.

WANG W, ZHANG W, GE H, et al, 2022b. Association between air pollution and emergency room visits for eye diseases and effect modification by temperature in Beijing, China[J]. Environ Sci Pollut Res Int, 29(15): 22613–22622.

WANG T, LI X, LIU M ,et al, 2017. Epidemiological characteristics and environmental risk factors of severe fever with thrombocytopenia syndrome in Hubei Province, China, from 2011 to 2016[J]. Frontiers in Microbiology, 8: 387.

WANG X, TANG S, WU J, et al, 2019a. A combination of climatic conditions determines major within‐season dengue outbreaks in Guangdong Province, China[J]. Parasites & Vectors, 12(1): 45.

WANG Y, WANG A, ZHAI J, et al, 2019b. Tens of thousands additional deaths annually in cities of China between 1.5℃ and 2.0℃ warming[J]. Nat Commun, 10(1): 3376.

WATTS N, ADGER W N, AYEB–KARLSSON S, et al, 2017. The Lancet Countdown: tracking progress on health and climate change.[J]. The Lancet, 389(10074): 1151–1164.

WATTS N, ADGER W N, AGNOLUCCI P,et al, 2015. Health and climate change: policy responses to protect public health[J]. Bdj, 219(2): 1861–1914.

WEICHENTHAL S, HATZOPOULOU M, GOLDBERG M S, 2014. Exposure to traffic–related air pollution during physical activity and acute changes in blood pressure, autonomic and micro-vascular function in women: a cross–over study[J]. Part Fibre Toxicol, 11(1): 70.

WESTPHAL S A, CHILDS R D, SEIFERT K M, et al, 2010. Managing diabetes in the heat: potential issues and concerns[J]. Endocrine Practice : Official Journal of the American College of Endocrinology and the American Association of Clinical Endocrinologists, 16(3): 506–511.

WINE O, OSORNIO V A, CAMPBELL S M, et al, 2022. Cold climate impact on air–pollution–related health outcomes: a scoping review[J]. International Journal of Environmental Research and Public Health, 19(3): 1473.

WMO, 2022. WMO COVID–19 Research Task Team issues recommendations[R/OL].(2022–06–22)[2023–06–29]. https://public.wmo.int/en/media/news/wmo-covid–19-research-task-team-issues-recommendations.

WU J, YE Q, FANG L, et al, 2022a. Short–term association of NO2 with hospital visits for chronic kidney disease and effect modification by temperature in Hefei, China: A time series study[J]. Ecotoxicol Environ Saf, 237: 113505

WU R, GUO Q, FAN J, et al, 2022b. Association between air pollution and outpatient visits for allergic rhinitis: Effect modification by ambient temperature and relative humidity[J]. Sci Total Environ, 821: 152960.

WU Y, QIAO Z, WANG N, et al, 2017. MOESM1 of describing interaction effect between lagged rainfalls on malaria: an epidemiological study in south-west China[J]. Malaria Journal, 16 (1): 53.

XIANG J, HANSEN A, LIU Q, et al, 2018. Impact of meteorological factors on hemorrhagic fever with renal syndrome in 19 cities in China, 2005–2014[J]. Science of the Total Environment, 636: 1249–1256.

XIANG J, HANSEN A, PISANIELLO D, et al, 2015. Extreme heat and occupational heat illnesses in South Australia, 2001–2010[J]. Occupational and Environmental Medicine, 72: 580–586.

XIE H, YAO Z, ZHANG Y, et al, 2013. Short-term effects of the 2008 cold spell on mortality in three subtropical cities in Guangdong Province, China[J]. Environmental Health Perspectives, 121(2): 210–216.

XING Q, SUN Z, TAO Y, et al, 2022. Projections of future temperature-related cardiovascular mortality under climate change, urbanization and population aging in Beijing, China[J]. Environ Int, 163: 107231.

XU L, LIU Q, STIGE L, et al, 2011. Nonlinear effect of climate on plague during the third pandemic in China[J]. Proceedings of the National Academy of Sciences, 108(25): 10214–10219.

XU L, STIGE L C, CHAN K S, et al, 2017. Climate variation drives dengue dynamics[J]. Proc Natl Acad Sci U S A, 114(1): 113–118.

XU R, ZHAO Q, COELHO M S Z S, et al, 2019. Association between heat exposure and hospitali-zation for diabetes in Brazil during 2000–2015: A Nationwide Case-Crossover Study [J]. Environmental Health Perspectives, 127(11): 117005.

XU Y, GAO X J, GIORGI F, et al, 2018. Projected changes in temperature and precipitation extremes over China as measured by 50-yr return values and periods based on a CMIP5 ensemble[J]. Advances in Atmospheric Sciences, 35(4): 13.

XU Z, SHEFFIELD PE, HU W, et al, 2012. Climate change and children's health—a call for research on what works to protect children[J]. Int J Environ Res Public Health, 9: 3298–3316.

XUE T, GENG G, LI J, et al, 2021. Associations between exposure to landscape fire smoke and child mortality in low-income andmiddle-income countries: a matched case-control study[J]. The Lancet Planetary Health, 5(9): e588–e598.

YANG J, OU C Q, GUO Y, et al, 2015. The burden of ambient temperature on years of life lost in Guangzhou, China[J]. Scientific Reports, 5(12250): 1–9.

YANG J, YIN P, ZHOU M, et al, 2016. The effect of ambient temperature on diabetes mortality in China: A multi-city time series study[J]. The Science of the Total Environment, 543(Pt A): 75–82.

YANG J，LIU H Z，OU C Q，et al，2013. Impact of heat wave in 2005 on mortality in Guangzhou，
China[J]. Biomedical and Environmental Sciences，26(8): 647–654.

YAZDANYAR A，NEWMAN A B，2009. The burden of cardiovascular disease in the elderly:
morbidity,mortality, and costs[J]. Clinics in Geriatric Medicine, 25(4): 563–77.

YE X, WOLFF R, YU W, et al, 2012. Ambient temperature and morbidity: a review of epidemiological
evidence[J]. Environ Health Perspect, 120(1): 19–28.

YI W，CHAN A P C，2017. Effects of heat stress on construction labor productivity in Hong Kong:
A case study of rebar workers[J]. International Journal of Environmental Research and Public
Health, 14: 1055.

YITSHAK–SADE M，BOBB J F，SCHWARTZ J D, et al, 2018. The association between short
and long–term exposure to PM2.5 and temperature and hospital admissions in New England
and the synergistic effect of the short–term exposures[J]. Science of the Total Environment, 639:
868–875.

ZANDALINAS S I, FRITSCHI F B, MITTLER R, 2021. Global warming，climate change，and
environmental pollution: recipe for a multifactorial stress combination disaster[J]. Trends in
Plant Science,
26(6): 588–599.

ZANDER K K, BOTZEN W J W, OPPERMANN E, et al, 2015. Heat stress causes substantial
labour productivity loss in Australia[J]. Nature Climate Change, 5: 647–651.

ZHANG B, LI G, MA Y, et al, 2018a. Projection of temperature–related mortality due to cardiovascular
disease in Beijing under different climate change，population，and adaptation scenarios[J].
Environ Res, 162: 152–159.

ZHANG R, MENG Y, SONG H, et al, 2021. The modification effect of temperature on the relationship
between air pollutants and daily incidence of influenza in Ningbo，China[J]. Respir Res，
22(1): 153.

ZHANG S，HU W，QI X，et al, 2018b. How socio–environmental factors are associated with
Japanese encephalitis in Shaanxi, China–a Bayesian spatial analysis[J]. Int J Environ Res Public
Health, 15(4).

ZHANG Y, GONG Y, XUE H, et al, 2018c. Vitamin D and gestational diabetes mellitus: a systematic
review based on data free of Hawthorne effect[J]. BJOG : An International Journal of Obstetrics
and Gynaecology，125(7): 784–793.

ZHAO Y, ZHU Y, ZHU Z, et al, 2016. Association between meteorological factors and bacillary
dysentery incidence in Chaoyang city, China: an ecological study[J]. Bmj Open, 6(12).

ZHOU M G, WANG L J, LIU T, et al, 2014b. Health impact of the 2008 cold spell on mortality in
subtropical China: the climate and health impact national assessment study (CHINAs) [J].
Environmental Health, 13(1): 60.

ZHU G，FAN J，PETERSON A T. 2017. Schistosoma japonicum transmission risk maps at present
and under climate change in mainland China[J]. Plos Negl Trop Dis. 11(10): e0006021.

ZHU Q, LIU T, LIN H, et al, 2014. The spatial distribution of health vulnerability to heat waves in Guangdong Province, China[J]. Global Health Action, 7(1): 1–10.